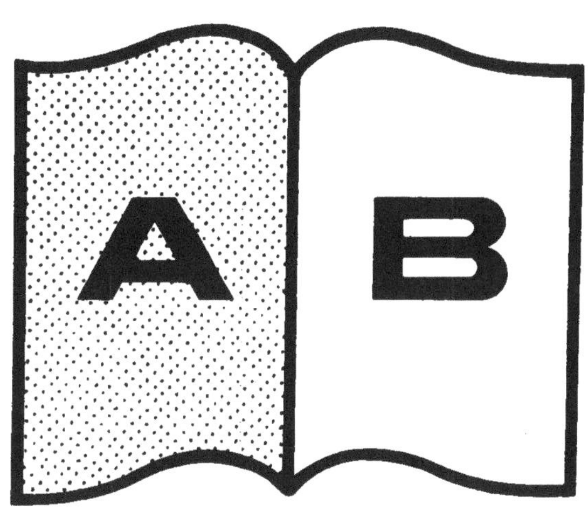

Contraste insuffisant

NF Z 43-120-14

INSTRUCTION

SUR LA RÈGLE A CALCULS.

Instrument servant de tarif général de réduction
pour toute espèce de mesures, et au moyen duquel, par le simple mouvement d'une coulisse,
on peut effectuer tous les calculs d'intérêt, d'ar-
pentage, de toisé, de jaugeage, de mécanique,
etc. etc.

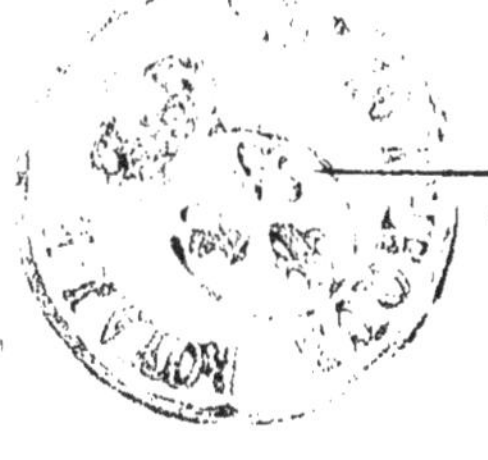

A PARIS.

Imprimerie de Gœtschy, rue du Faubourg-Saint-Martin, N°. 65.

1820.

A Messieurs les Membres de la Commission de l'Instruction publique.

MESSIEURS,

Tout ce qui peut être d'une utilité générale rentre dans le domaine de l'Instruction publique, c'est à ce titre que je réclame votre attention pour la RÈGLE A CALCULS ; c'est aussi ce qui m'inspire la confiance de vous en offrir l'hommage, en vous priant d'agréer l'expression du profond respect avec lequel j'ai l'honneur d'être,

Votre très-humble et très-obéissant serviteur,

COLLARDEAU DUHEAUME.

Ancien élève de l'Ecole Polytechnique.

L'usage de la *règle à calculs* connue en Angleterre sous le nom de *règle glissante*, y est tellement répandu, qu'il n'y a pas une manufacture, pas un atelier qui n'ait sa règle ; elle y fait même aujourd'hui partie de l'instruction des ouvriers, qui, dès leur bas âge, apprennent à s'en servir en même tems qu'ils apprennent à lire. Déjà plusieurs savans ont exprimé le vœu de la voir introduite en France. De ce nombre, est M. Hachette sur l'invitation duquel j'ai commencé à m'en occuper, en prenant pour guide l'instruction et la règle anglaise, que lui-même a bien voulu me confier. Je n'avais d'abord fait qu'une traduction appropriée aux mesures françaises ; mais encouragé et secondé par les conseils éclairés de M. Wetter, au jugement duquel je l'avais soumise, j'ai hasardé une instruction nouvelle en deux parties : la première, à la portée des personnes les moins instruites, ne renferme que les choses les plus généralement utiles ; la seconde est essentielle aux mécaniciens , aux

banquiers, et à ceux qui désirent approfondir
l'étude de la règle. La première page du complément placé à la fin de la seconde partie, donne la
clef de toutes les propriétés de la règle ; cette page
est la première à lire pour quiconque connaît les
logarithmes.

Observation. Les articles marqués en fins caractères
étant en général les moins essentiels, les personnes aux-
quelles ils offriraient trop de difficulté, peuvent les passer sans
conséquence.

Fautes essentielles à corriger.

Page.	Ligne.	
3.	23,	voyez la note au bas de la page 4
4.		Soulignez la dernière figure.
6.		Soulignez la première figure.
9.	3,	inconnu *lisez* inconnu.
9.	4,	3°, *lisez* 3°
9.	11,	125, *lisez* 125
10.	7,	plus *lisez* plus,
10.	19,	3, *lisez* 3
12.	6,	longueur, *lisez* longueur
12.	19,	largeurr , enfermera *lisez* largeur renfermera
12.		Effacez x et 1 à droite de la dernière figure
13.	10,	1.667 *lisez* .1667
17.	8,	ou en *lisez* ou pour évaluer en
18.	2,	largeur 2mèt. *lisez* largeur et 2mèt.
24.	22,	long. *lisez* longueur
29.	18,	novelles *lisez* nouvelles
36.	5,	1944 *lisez* ...1944...
46.	7,	l'ellipse du *lisez* l'ellipse ou du
46.	10,	sera *lisez* correspondra
56.		Effacez les lignes 15 et 16, x est le quadruple etc.
67.	20,	50 *lisez* 30
71.		Soulignez la dernière figure
72.	8,	forec *lisez* force
76.	14,	106 *lisez* 1.06

INSTRUCTION

SUR LA RÈGLE A CALCULS.

PREMIÈRE PARTIE.

Description et usages.

Le premier avantage de cette règle est de pouvoir servir de pied ou de mesure métrique à volonté, car les deux côtés sont marqués, l'un en pouces partagés en 10 et en 12 parties; l'autre, en centimètres et en millimètres. Leur longueur n'est que de 26 centimètres ou 9 pouc. 7 lig. $\frac{1}{4}$; mais au moyen des divisions marquées au fond de la rainure dans laquelle glisse la coulisse, qui font suite à celles marquées sur les deux côtés de la règle, la mesure peut s'étendre jusqu'à une longueur double, c'est-à-dire, jusqu'à 52 centim. ou 19 pouc. 2 lig. $\frac{1}{2}$.

L'explication des lignes marquées sur le revers de la coulisse étant renvoyée à la IIe. partie, il vous suffit de remarquer que celle qui a pour titre *n* est une ligne indiquant quarts de millimètres (*), qui sert à mesurer avec précision, des objets délicats.

(*) On n'y a marqué que les demi-millimètres, mais il faut que l'œil y supplée en concevant chacun de ceux-ci partagé en deux parties égales.

Sur une face de la règle est une table de nombres appelés *indicateurs*.

Sur l'autre face sont quatre lignes divisées, deux sur la règle et deux sur la coulisse; la ligne supérieure de la règle et celles de la coulisse sont exactement les mêmes, chacune composée de deux moitiés égales et semblables à l'échelle K; la ligne inférieure de la règle est composée d'une seule échelle dont les dimensions sont doublées : je l'appelle *ligne des carrés ;* vous en verrez l'usage. Les autres sont les *lignes des nombres simples.*

L'échelle K peut représenter tous les nombres; mais il faut un peu d'exercice pour les lire avec facilité.

Si le nombre cherché n'a qu'un chiffre, cela ne souffre pas de difficulté : Par exemple, pour avoir 8, vous prendrez le trait n°.8; pour avoir 9, le trait n°. 9, etc.

S'il contient des dixaines, représentez-vous l'échelle K comme la ligne L.

S'il contient des centaines, il faut vous représenter l'échelle K comme la ligne M. Remarquez que passé le nombre 100, les traits ne donnent les nombres que de deux en deux jusqu'à 200; de cinq en cinq depuis 200 jusqu'à 500, et de dix en dix depuis 500 jusqu'à 1000; ainsi pour avoir le nombre 101, il faut prendre la moitié de l'intervalle entre 101 et 102; pour avoir le nombre 201, vous prendrez la cinquième partie de l'intervalle entre 200 et 205; pour avoir 202, vous prendrez les $\frac{2}{5}$ de cet intervalle, etc. En général, pour les nombres qui tombent entre les traits, vous partagerez l'intervalle aussi bien que possible à la vue : ainsi, vous trouverez

147 entre 146 et 148.
423 entre 420 et 425.
624 entre 620 et 630.

La manière de lire les nombres sur la règle est la première et presque la seule chose à apprendre sur cet instrument. Il faut vous y exercer par beaucoup d'exemples.

MULTIPLICATION.

Exemple Ier. Combien font 4 fois 3 ?

J'amène 1 sous 3 (fig. O), et au-dessus de 4, je vois 12, c'est le produit de 3 par 4.

Au lieu de représenter chaque opération par un dessin complet de la règle, on n'indiquera dorénavant que les deux joints de la coulisse avec les nombres de l'opération ; la lettre x désignera l'inconnue ou la réponse à la question. Ainsi, pour représenter la dernière opération, on emploiera la figure suivante :

Lig. des nombres simples de la règle.... 3 x (*) $= 12$.

Lig. des nombres simples de la coulisse.. 1   4

Lig. des nombres carrés.............

Exemp. II⁰. Combien font 9 fois 7?

$$7 \qquad x = 63.$$
$$1 \qquad 9$$

Exemp. III⁰. Combien font 34 fois 19?

$$19 \qquad x = 646.$$
$$1 \qquad 34$$

Exemp. IV⁰. Combien font 48 fois 32?

$$32 \qquad x = 1536.$$
$$1 \qquad 48$$

Sur la règle portative je ne puis voir 1536, mais je vois 153 et quelque chose de plus : pour avoir le quatrième chiffre, je multiplie les unités par les unités ; je dis 8 fois 2 font 16, qui est terminé par 6, donc 6 est le quatrième chiffre du produit.

Exemp. V⁰. Combien font 18 fois 36?

$$36 \qquad x = 648$$
$$1 \qquad 18$$

(*) Le signe = signifie *égale*, ainsi $x = 12$ veut dire x *égale* 12.

DIVISION.

x *dividende.* $x =$ le *quotient.*

1   *diviseur.*

Amenez le diviseur sous le dividende, et au-dessus de 1 sera le quotient.

Exemp. Ier. Combien de fois 4 est-il contenu dans 12?

J'amène 4 sous 12 (fig. O), et au-dessus de 1, (le premier ou le second, peu importe,) je vois 3 pour la réponse à la question.

Exemp. IIe. Quel est le quotient de la division de 975 par 39?

x 975 $x = 25.$

1   39

Exemp. IIIe. Si avec 36 livres de pain il faut faire 48 parts égales, quel sera le poids de chaque part?

x 36 $x = 0.75.$

1   48

Rép. 0.75, c'est-à-dire, les $\frac{75}{100}$ d'une livre.

Observez que la division exécutée de cette manière donne non-seulement le quotient, mais encore toutes les fractions équivalentes au quotient. Ainsi, dans le dernier exemple,

x	5	6	9	12	36
1	4	8	12	16	48

vous trouvez $\frac{9}{12}, \frac{6}{8}, \frac{3}{4}$ de livre, que vous pouvez prendre au lieu du quotient 0.75; cela vous procure la facilité d'avoir le quotient en telle espèce d'unités de ce que vous voulez : Par exemple, si vous voulez des onces, c'est-à-dire, des seizièmes de livre, regardez au-dessus de 16, vous trouverez $\frac{12}{16}$ de livre ou 12 onces pour le poids de chaque part.

S'il s'agissait d'une longueur de 56 pieds à partager en 48 parties égales, pour avoir la longueur de chaque partie en pouces, c'est-à-dire, en douzièmes du pied, vous regarderiez au-dessus de 12, et vous trouveriez $\frac{9}{12}$ de pied, ou 9 pouces pour la longueur demandée.

De-là résulte un moyen de simplifier une fraction et de la remplacer par une autre d'une espèce donnée. Par exemple, j'ai la fraction $\frac{16}{24}$; si je veux la remplacer par une plus simple,

0.667	16	2	4	8
1	24	5	6	12

j'amène 24 sous 16, et je trouve qu'elle est équivalente à $\frac{8}{12}$, à $\frac{4}{6}$ et enfin à $\frac{2}{3}$.

Si je veux la transformer en une autre qui ait pour

dénominateur 48, je trouve le numérateur 32 au-dessus de 48, ce qui fait $\frac{32}{48}$.

Si je veux la transformer en fraction décimale, je trouve sa valeur 0.667 au-dessus de 1.

De même, si je veux trouver la fraction ordinaire la plus simple, qui soit équivalente à la fraction décimale 0.286,

286	2
1	7

j'amène 1 sous 286, et en examinant les nombres qui se correspondent sur la règle et sur la coulisse, je trouve $\frac{2}{7}$ pour l'expression la plus simple de la fraction décimale 0.286.

Reprenons le IIIe. exemple de la division :

75	3	6	9	12	15	36
100	4	8	12	16	20	48

vous avez vu que toutes les fractions données par la règle sont égales, ainsi de même que 3 est les $\frac{3}{4}$ de 4, 6 est les $\frac{3}{4}$ de 8, 9 est les $\frac{3}{4}$ de 12, etc. Tous les nombres de la règle sont les $\frac{3}{4}$ de ceux qui leur correspondent sur la coulisse; par conséquent, pour prendre les $\frac{3}{4}$ d'un nombre quelconque, 72 par exemple, vous n'avez qu'à amener 4 sous 3,

3	$x = 54$
4	72

et au-dessus de 72, vous trouverez 54, ce sont les $\frac{3}{4}$ de 72.

De même, si un particulier doit $\frac{2}{3}$ de journée
à quatre ouvriers, à raison de 4^f. 50 pour le premier,
3^f. 75 pour le second, 3^f. pour le troisième, et
2^f. 25 pour le quatrième; pour savoir ce qui revient
à chacun,

x	2	x	x
2.25	3	3.75	4.50

amenez 3 sous 2, comme pour représenter la frac-
tion $\frac{2}{3}$, et au-dessus de 4.50, de 3.75, de 3, de 2.25,
vous trouvez 3^f. pour le premier, 2^f. 50 pour le
deuxième, 2^f. pour le troisième, et 1^f. 50 pour le
quatrième.

Si l'on vous propose de partager également 90
livres de pain, 40 livres de viande, 35 livres de riz
entre 25 personnes, chacune d'elle doit avoir $\frac{1}{25}$
dans la distribution.

1	1.4	1.6	3.6
25	35	40	90

ainsi, amenez 25 sous 1, et au-dessus de 35, de 40,
de 90, vous trouvez 1.4 livres de riz, 1.6 livres de
viande et 3.6 livres de pain pour la part de chaque
personne.

RÈGLE DE TROIS DIRECTE.

1er. nombre.	3e. nombre.
2e. nombre.	x	$x = $ le 4e nomb^{re}.

Dans cette règle, trois nombres sont donnés ; il faut en trouver un 4e., tel que le 1er. soit au 2e. comme le 3e. est à ce 4e. nombre inconnu : amenez le 2e nombre sous le 1er, et au-dessous du 3e., vous trouverez le 4e.

Exemp. Ier. Si pour faire 20 lieues un courrier emploie 5 ^{heures}, pour en faire 125, combien emploiera-t-il d'heures ?

$$\begin{array}{cc} 20 & 125 \\ \hline 5 & x \end{array} \qquad x = 51 \text{ heur. } \tfrac{1}{4}.$$

j'amène 5 sous 20, et au-dessous de 125, je trouve $51\text{h.}\,\tfrac{1}{4}$ pour réponse à la question.

Exemp. IIe. Si 21 $^{kilog.}$ coûtent 19f. 80, les 25 $^{kil.}$ combien ?

$$\begin{array}{cc} 21 & 25 \\ \hline 19.80 & x \end{array} \qquad x = 25.60^f.$$

Exemp. III. Si 100^f. produisent 6^f. d'intérêt, 7800^f combien ?

$$\begin{array}{cc} 100 & 7800 \\ \hline 6 & x \end{array} \qquad x = 468.$$

Exemp. IVe. Trois associés, dont les mises sont 5000^f, 7000^f, 8000^f, ont gagné 4200^f ; combien revient-il à chacun ?

Faites la somme des mises, c'est 20000^f.

$$\begin{array}{cccc} 5000 & 7000 & 8000 & 20000 \\ \hline x & x & x & 4200 \end{array}$$

puis amenez 4200 sous 20000, alors au-dessous de 5000, de 7000, de 8000 correspondront 1050ᶠ, 1470ᶠ, 1680ᶠ, les parts des associés dans le gain total.

RÈGLE DE TROIS INVERSE.

Si plus exige plus, ou si moins exige moins, la règle de Trois est directe; mais si plus exige moins, ou si moins exige plus elle est inverse.

Faites pour la règle de Trois inverse comme pour la règle de Trois directe, excepté que vous placerez la coulisse à rebours.

Exemp. Iᵉʳ. Si pour faire un certain ouvrage en 8 jours il a fallu 6 hommes, pour faire le même ouvrage en 3 jours, combien en faudra-t-il?

Moins il y a de jours plus il faut d'hommes, ainsi la règle est inverse.

$$\begin{array}{ccc} 8 & 5 & x = 16. \\ \hline 6 & x & \end{array}$$

Je place la coulisse à rebours (*), ensuite j'amène 6 sous 8, et au-dessous de 5, je trouve 16; c'est le nombre demandé.

Au premier abord on est embarrassé, parce qu'il faut lire les nombres à rebours sur la coulisse; mais

(*) Dorénavant je me dispenserai de le dire en l'indiquant par une main placée à droite de la figure.

avec un peu d'habitude, cela devient aussi facile que de les lire droits.

Exemp. IIe. Si avec 4 bouteilles de vin à 10 sous un marchand de vin en fait 5, en y ajoutant de l'eau, à combien lui revient la bouteille du mélange?

Plus il fait de bouteilles avec la même quantité de vin moins elles coûtent. La règle est inverse.

$$\frac{4 \qquad 5}{10 \qquad x} \qquad x = 8 \text{ sous.}$$

Exemp. IIIe. Une garnison de 5600 hommes a des vivres pour six mois, pour combien de tems une garnison de 3000 hommes qui la remplace en aura-t-elle?

Moins il y a d'hommes plus les vivres doivent durer. La règle est inverse.

$$\frac{5600 \qquad 3000}{6 \qquad x} \qquad x = 11.2 \text{ mois.}$$

Rép. 11 mois et $\frac{2}{10}$, c'est-à-dire, 11 mois et 6 jours.

ARPENTAGE ET TOISÉ DES SURFACES.

On appelle surface rectangulaire, ou simplement *rectangle*, une surface carrée quelles que soient sa longueur et sa largeur.

Pour évaluer une pareille surface en *mètres car-rés* lorsque les deux dimensions, longueur et lar-geur, sont exprimées en *mètres*, ou bien en *pieds carrés*, lorsqu'elles le sont en *pieds*, et ainsi de suite, placez la coulisse à rebours, puis amenez la largeur sous la longueur et vis-à-vis de 1 sera l'expression de la surface comme ci-dessous :

1	longueur.	$x =$ l'expression de la surface.
x	largeur.	

Exemp. Ier. Combien une pièce de terre, ayant 120 mètres de largeur sur 150 mètres de longueur, contiendra-t-elle de mètres carrés ?

1	150	$x =$ 18000 mèt carr. ou 1.8 hect.
x	120	

Je mets la coulisse à rebours, ensuite j'amène 120 sous 150, et vis-à-vis de 1 je vois (*) 18000; c'est la réponse à la question.

Exemp. IIe. Combien une porte de 7 pieds et $\frac{1}{2}$ ou 7.5 pieds de hauteur sur 4 pieds de largeur, enfermera-t-elle de pieds carrés ?

1	7.5	x	$x =$ 30 pieds carr.
x	4	1	

(*) Remarquez en passsant que cette opération donne le produit de 150 par 120. C'est une méthode de multiplica-tion dont vous aurez occasion de faire usage.

Que les dimensions de la surface soient exprimées en pieds, en pouces, en toises, ou en mètres, la table suivante vous donne le moyen d'avoir sa mesure en mètres carrés, toises carrées, etc. à volonté.

Table de nombres indicateurs (*) *pour servir à la mesure des surfaces.*

	mm.	*tt.*	*t. P.*	PP.	Pp.	pp.
Mètre carré. .	1	.263	1.58	9.48	113.7	1365
Toise carrée. .	3.8	1.	6	36	432	5180
Pied carré. . .	.1055	.0278	1.667	1	12	144
Pouce carré. .	.000733	.0001923	.001154	.00694	.0833	1
Arp. et perche de Paris.	3420	900	5400	32400		
Arp. et perche eaux et forêts.	5110	1344	8070	48400		

La ligne *mètre carré* contient les indicateurs qui servent à évaluer la surface en *mètres carrés.*

La ligne *toise carrée* contient les indicateurs qu servent à évaluer la surface en *toises carrées*, etc

---

(*) Ou *diviseurs.*

Parmi ces indicateurs, ceux qui se trouvent au-dessous des titres

mm.	tt.	t. P.	PP.	P.p.	pp.

Sont relatifs aux surfaces dont la longueur et la largeur ont été mesurées.

Toutes deux en mètres.	Toutes deux en toises.	L'une en pieds, l'autre en toises.	Toutes deux en pieds.	L'une en pouces, l'autre en pieds.	Toutes deux en pouces.

Usage de la Table.

Pour mesurer une surface rectangulaire, amenez, comme précédemment, la largeur sous la longueur, et au-dessous du nombre *indicateur* donné par la table, sera l'expression de la surface.

Indic.	longueur	$x =$ l'expression de la surface.
x	largeur.	

Exemp. Ier. Combien une cour de 64 pieds de long. sur 45 pieds de largeur contient-elle de *toises carrées?*

Les deux dimensions sont données en pieds, et ce sont des toises carrées que l'on demande; ainsi l'indicateur est 36 pris sur la ligne *toise carrée,* dans la colonne PP.

36	64	$x = 80$ tois. carr.
x	45	☞

J'amène 43 sous 64, et, au-dessous de 56 je vois 80; c'est le nombre de toises demandé.

Exemp. IIe. Combien une planche de 15 pieds de long. sur 8 pouces de largeur contient-elle de *pieds carrés?*

L'indicateur est 12 pris sur la ligne *pied carré* et dans la colonne Pp.

12	15	$x = 10$ pieds carr.
x	8	☞

Exemp. IIIe. Combien une pièce de terre de 87 tois. de long. sur 70 tois. de larg. contient-elle de mètres carrés ?

L'indicateur est 0.263.

0.263	70	$x = 23200$ mèt. car. ou 2.32 hect.
x	87	☞

Exemp. IVe. Combien un jardin de 81 mèt. de long. sur 64 mèt. de larg. contient-il d'arpens de Paris?

L'indicateur est 3420.

3420	81	x 1.515 arp.
x	64	☞

Observation. Dans la table marquée sur la règle, il y a 342 au lieu de 3420, 38 au lieu de 5.8, etc. Il est évident que cela ne produit pas d'erreur, puisque sur les lignes de nombres 342 est aussi bien 3420 que 34200 ou 3.42, etc. (*). Par la même raison, il n'y aura pas de différence dans une opération faite sur la règle. Quand au lieu de 4 mètres, on prendra 40.$^{mèt.}$ ou 0.4$^{mèt.}$ ou 0.04$^{mèt.}$, etc. c'est-à-dire, 4 décamètres ou 4 décimètres ou 4 centimètres, etc. En général, dans le système des nouvelles mesures, peu importe pour l'opération quelle unité vous avez choisie; ainsi 1 *mètre carré*, 1 *décimètre carré*, 1 *are*, 1 *hectare*, etc. sont la même chose sur la règle. Il en est de même de 1 *litre*, 1 *décalitre*, 1 *hectolitre*, 1 *stère*, etc. Il en est de même encore de 1 *gramme*, 1 *kilogramme*, etc. et des mesures anciennes qui sont des subdivisions décimales les unes des autres, telles que l'arpent et la perche carrée qui en est la centième partie, le pouce et ses dixièmes marqués sur la règle, etc.

Exemp. V^e. Combien une pièce de terre de 12.5$^{mèt.}$ de larg. sur 14.4$^{mèt.}$ de long. contiendra-t-elle de perches carrées de Paris ?

L'indicateur est 342 comme pour l'arpent de Paris.

342	125	$x = 5.26$ perches de Paris.
x	144	

(*) Remarquez aussi que la règle n'indique pas si le résultat est 1.515, ou 15.15, ou 0.1515, mais on sait toujours bien à dix fois près quelle est la valeur du résultat cherché.

De la mesure des surfaces rectangulaires, on déduira facilement celle des surfaces triangulaires, puisqu'un triangle est la moitié du rectangle qui a même base et même hauteur.

VOLUMES ET CAPACITÉS.

Pour évaluer en *mètres cubes* le volume d'un corps rectangulaire dont les dimensions sont données en *mètres*, ou en *pieds cubes* le volume d'un semblable corps dont les dimensions sont données en *pieds*, et ainsi de suite, il n'y a qu'à multiplier une des dimensions, la hauteur par exemple, par le produit des deux autres. Pour cela, faites comme dans les exemples suivans :

Ex. 1er. Combien un mur de 23 pieds de hauteur sur 15 pieds de longueur et 2 pieds d'épaisseur, contient-il de pieds cubes ?

2	Prod.		Prod. $= 30$
15	1		

Mettez la coulisse à rebours puis amenez 15 sous 2, et au-dessus de 1 sera le produit de 2 par 15, c'est-à-dire, 30.

1	30	x	$x = 690$ pieds cubes.
x	23	1	

ensuite amenez 23 sous 30, et vis-à-vis de 1 sera le résultat demandé.   3

Ex. IIe. Combien un fossé de 25 mèt. de longueur sur 16 mèt. de largeur 2 mèt. de profondeur, pourra-t-il contenir de mètres cubes d'eau?

$$
\begin{array}{ll}
\underline{25} & \text{prod.} = 400 \\
\underline{16} & 1 \quad \leftarrow \\
\underline{400} & x = 800 \text{ mèt. cub.} \\
\underline{2} & 1 \quad \leftarrow
\end{array}
$$

Si les dimensions au lieu d'être données en mètres, le sont en pouces, en toises ou en pieds , ou bien si le corps, au lieu d'être rectangulaire, a la forme d'un cylindre ou d'une sphère, les nombres indicateurs marqués sur le revers de la règle fournissent un moyen d'évaluer son volume en pieds cubes, ou en mètres cubes, etc. à volonté, et son poids en kilogrammes.

Les nombres de la ligne *litre* servent à évaluer la capacité ou le volume d'un corps, en *litres* ou en toute autre espèce de mesures nouvelles , soit décalitres, ou stères, ou centimètres cubes, etc.

Ceux de la ligne toise cube servent à évaluer la capacité ou le volume d'un corps , en *toises cubes,* ainsi de suite.

Les nombres de la ligne *plomb* servent à évaluer en kilogrammes, le poids d'un corps en plomb.

Ceux de la ligne *or* servent à évaluer en kilogrammes, le poids d'un corps en or, etc.

Les lettres placées en tête de chaque colonne, indiquent en quelle espèce sont données les dimensions du corps que l'on veut mesurer, ainsi qu'il suit :

CORPS RECTANGUL^es.			CYLINDRES.			SPHÈRES.		
ddd.	*ttt.*	*Ppp.*	*dd.*	*Pp.*	*pp.*	*d.*	*P.*	*p.*
Les trois dimensions sont données en décimètres.	Les trois dimensions sont données en toises.	Une dimension en pieds, les deux autres en pouces.	Diamètre en décimètres, hauteur en décimètres.	Diamètre en pouces, hauteur en pieds.	Diamètre en pouces, hauteur en pouces.	Le diamètre est donné en décimètres.	Le diamètre est donné en pieds.	Le diamètre est donné en pouces.

Pour avoir le volume ou le poids d'un corps, placez la coulisse à rebours, amenez ensuite la hauteur au-dessous du produit des deux autres dimensions, si c'est un corps rectangulaire, ou au-dessus du diamètre, si c'est un cylindre ou une sphère (*), et au-dessous de l'indicateur donné par la table, correspondra l'expression du volume ou du poids demandé, comme dans les figures suivantes.

(*) La hauteur dans une sphère, c'est son diamètre ; dans une sphère aplatie ou allongée, c'est la distance des deux points d'aplatissement ou d'allongement.

CORPS RECTANGULAIRES.

Indic.	prod.
x	haut.

CYLINDRES ET SPHÈRES.

Indic.	
x	haut.
	diam.

Exemp. Ier. Combien un mur de 36 pieds de haut. sur 56 pieds de largeur et 18 pouces d'épaisseur contiendra-t-il de *toises cubes?*

L'indicateur est 259 pris à la rencontre de la ligne *toise cube* et de la colonne PPp.

Prod.	56	Prod. $=$ 1008
1	18	

J'amène 18 sous 56, l'épaisseur sous la largeur, et au-dessus de 1 je vois 1008; c'est leur produit·

259	1008	$x = 14$ toises cubes.
x	36	

ensuite j'amène 36, la hauteur, sous ce produit, et au-dessous de l'indicateur 259 est 14, l'expression du volume demandé.

Exemp. IIe. Combien une poutre de 21 pieds de long. sur 15 pouces de largeur et 7 pouces d'épaisseur contiendra-t-elle de *pieds cubes?*

L'indicateur est 144 sur la ligne *pied cube.*

7	prod.$=105$
15	1

144	105	$x = 15.31$ pieds cubes.
x	21	

Exemp. IIIe. Combien une citerne de 3 mèt de hauteur sur 2.5 mèt de diamètre peut-elle contenir de *muids de vin?*

L'indicateur est 342 pris sur la ligne *muid* et sur la colonne *dd, cylindres.*

342		$x = 54.8$ muids.
x	3	
	25	

Exemp. IVe. Combien d'hectolitres de gaz faut-il pour emplir un ballon dont la hauteur $= 6$ mètres et le diamètre $= 4$ mètres, la figure du ballon étant celle d'une sphère allongée.

L'indicateur est 191 pris sur la ligne *litre* et sur la colonne *d, sphères.*

191		$x = 503$ hectol.
x	6	
	4	

Exemp. V°. Quel est le poids d'un bloc de marbre de 2 ^{mèt} de hauteur sur 0.96 ^{mèt} de largeur et 0.55 ^{mèt} d'épaisseur?

L'indicateur est 368 sur la ligne *marbre*.

Prod.	96	prod. $= 536$
1	35	
568	536	$x = 1825$ $^{\text{kilog.}}$
x	2	

Exemp. VIe. Combien pèse un cylindre en cuivre ayant 2 ^{pieds} de hauteur sur 5 ^{pouces} de diamètre?

L'indicateur est 601 sur la ligne *cuivre*.

601	$x = 83.2$ $^{\text{kilog.}}$
x 2	
5	

Exemp. VIIe Combien pèse un boulet en fonte grise, dont le diamètre $= 8$ $^{\text{centimèt.}}$

249	$x = 2.06$ $^{\text{kilog.}}$
x 8	
8	

Exemp. VIIIe. Quel est le poids de la quantité d'eau déplacée par un bateau de figure rectangulaire, ayant 20 ^{pieds} de longueur sur 12 ^{pieds} de largeur, qui enfonce de 22 ^{pouces} dans l'eau.

L'eau a été omise dans la table des poids, parce

que ses indicateurs sont les mêmes que ceux de la ligne *litre*, et c'est dans cette ligne qu'il faut les prendre. Ainsi, dans l'exemple actuel, l'indicateur est 35.

Prod.	20	prod. $= 240$
1	12	
35	240	$x = 15080$
x	22	

Rép. 15080 kilog. c'est aussi le poids du bateau. Ce problême est utile aux employés des douanes, pour vérifier approximativement la charge d'un bateau.

Exemp. IX.ᵉ. Quel est le poids d'une colonne de mercure ayant 0.76 mèt. de hauteur sur une base de 1 centimètre carré?

L'indicateur est 736.

736	1	$x = 1.033$ kilog.
x	76	

Réponse, 1.033 kilog. C'est la pression moyenne de l'atmosphère sur une surface de 1 centimètre carré.

JAUGEAGE DES TONNEAUX.

La capacité d'un tonneau se mesure comme celle

d'un cylindre de même longueur, ayant pour diamètre ce qu'on nomme le *diamètre moyen* du tonneau, et que vous obtiendrez ainsi : *Doublez le
diamètre du bouge, ajoutez-y le diamètre du
fond* (*), *et prenez le tiers de la somme; ce sera
le diamètre moyen.*

Exemp. I.er. Combien y aura-t-il de veltes dans
un tonneau dont la longueur $= 1.^\text{m}105$, le diamètre
du bouge $= 0^\text{m}.460$, et celui du fond $= 0^\text{m}.394.$?

$$\text{Le double de } 0.^\text{m}460 \text{ est } 0^\text{m}.920$$
$$\text{ajoutez-y} \ldots \ldots \ldots 0.394$$
$$\text{cela fait} \ldots \ldots \ldots 1^\text{m}.314$$
$$\text{dont le tiers} \ldots \ldots 0^\text{m}.438 \quad \text{est le}$$
$$\text{diamètre moyen.}$$

L'indicateur est 949 pris sur la ligne *velte* et sur
la colonne *dd*, *cylindres.*

$$949 \qquad\qquad x = 22.3 \text{ veltes.}$$

$$x$$

$$1105$$

$$438$$

Exemp. II.e Quel est le poids d'un **tonneau plein**
d'eau dont la long. $= 40.5$ pouces, le **diamètre du**
bouge $= 16$ pouces, et le diamètre du fond $=$
13.6 pouces.

(*) Si les deux fonds n'avaient pas exactement le même
diamètre, il faudrait prendre la demi-somme de leurs diamètres pour diamètre du fond.

Le diamètre moyen sera égal à 15.2 pouces. Quant à l'indicateur, c'est 642 pris sur la ligne *litre* et sur la colonne *pp*, *cylindres*.

$$642 \qquad\qquad x = 145.7 \text{ kil.}$$
$$\overline{}$$
$$x \qquad 40.5$$
$$\overline{}$$
$$15.2$$

Rép. 145.7 kil. C'est aussi le poids que ce tonneau serait capable de porter si on le plongeait vide dans l'eau comme ceux qu'on attache aux trains de bois sur les rivières pour les faire surnager.

TOISÉ DES BOIS DE CHARPENTE.

On compte le bois de charpente par *solives*. Il y a *solive ancienne* et *solive nouvelle*. La solive ancienne, connue à Paris sous le nom de *pièce de bois*, vaut 3 pieds cubes; la *solive nouvelle* vaut 1 *mètre cube* ou 1 *stère*.

Pour avoir des solives nouvelles, vous prendrez l'indicateur dans la ligne *litre*; pour avoir des solives anciennes, vous prendrez pour indicateur 3 fois celui donné par la ligne *pied cube*.

Exemp. Combien une poutre de 21 pieds de long. sur 20 pouces de larg. et 7 pouces d'épaisseur contient-elle de solives anciennes?

L'indicateur donné par la ligne *pied cube* est 144;

multipliez-le par 3, cela fait 432 pour l'indicateur qu'il vous faut.

Prod.	20	prod. $= 140$
1	7	☜
432	140	$x = 6.8$ sol. anc.
x	21	☜

Combien la même poutre contient-elle de solives nouvelles?

L'indicateur est 42 sur la ligne *litre*.

42	140	$x = 0.7$ sol. nouv.
x	21	☜

Les charpentiers, mesurant ordinairement la longueur en pieds et les deux autres dimensions en pouces, n'auront en général besoin que des deux indicateurs 42 et 432. Ainsi, pour avoir des solives nouvelles, ils prendront l'indicateur 42 dans la table, au-dessous de *Ppp;* pour avoir des solives anciennes, ils prendront le même indicateur 42, au milieu duquel ils intercalleront un 3, ce qui fera bien 432.

Le *bois carré* se mesure d'une manière plus simple en prenant la grosseur sur la ligne inférieure de la règle au lieu du *produit* sur la ligne supérieure.

Exemp. Combien un morceau de bois portant 7

pouces de grosseur sur 13 pieds de longueur, contiendra-t-il de solives anciennes ou nouvelles?

$$42 \qquad x = 0.1517 \text{ sol. nouv.}$$

$$\underline{x \qquad 13}$$

$$7$$

$$432 \qquad x = 1.475 \text{ sol. anc.}$$

$$\underline{x \qquad 13}$$

$$7$$

Le *bois en grume* se mesure comme le bois carré,
en prenant pour grosseur le quart du pourtour du
milieu de l'arbre.

Exemp. Combien un arbre de 20 pieds de long,
sur 32 pouces de pourtour à son milieu, contient-il de
solives?

Le quart de 32 pouces c'est 8 pouces que je prends
pour grosseur de l'arbre.

$$42 \qquad x = 0.305 \text{ sol. nouv.}$$

$$\underline{x \qquad 20}$$

$$8$$

$$432 \qquad x = 2.97 \text{ sol. anc.}$$

$$\underline{x \qquad 20}$$

$$8$$

Souvent, au lieu du quart du pourtour, on en
prend le quart après en avoir ôté $\frac{1}{6}$; ou quelquefois

même $\frac{1}{5}$; mais, quelque soit l'usage à cet égard, la grosseur une fois déterminée, la manière de trouver le toisé de l'arbre est toujours la même.

Rapports divers.

Lieue terrestre exprimée en kilomètres. . .	4.44
Lieue marine. . . . . *idem.*	5.56
Aune ancienne . . . . en mètres.	1.188
Toise. . . . . en mètres.	1.95
Pied. . . . . en décimètres.	3.25
Pouce. . . . . en centimètres.	2.71
Ligne. . . . . en millimètres.	2.26
Ligne carrée . . . . en millimètres carrés.	5.09
Ligne cube. . . . . . en millimètres cubes.	11.48
Corde de bois (eaux et forêts). . . en stères.	3.84
Solive (charpente) . . . . en stères.	0.1028
Septier de blé de Paris. . . en hectolitres.	1.561
Boisseau. . . . . en litres.	13
Livre (poids de marc) . en kilogrammes.	0.49
Once. . . . . en décagrammes.	3.06
Gros. . . . . en grammes.	3.82
Grain. . . . . en centigrammes.	5.31
Pesanteur spécifique de l'eau de mer. . . .	1.026
Rapport de la circonférence au diamètre.	3.14

Chacun de ces nombres donne lieu à un tarif fort utile.

Par exemple, si j'amène 1 sous le nombre 195, expression de la toise en mètres.

195	3.9	5.85	78	80	mèt.
1	2	3	40	41	tois.

Au-dessus de 1 tois., 2 tois., 3 tois. sur la coulisse, je vois leur valeur en mètres; pareillement au-dessous d'un nombre quelconque de mètres pris sur la règle, correspond sa valeur en toises sur la coulisse, de sorte que la règle ainsi disposée est un tarif tout fait pour la réduction des toises en mètres et des mètres en toises.

Si j'amène 1 sous 49, expression de la livre (poids de marc) en kilogrammes.

0.49	0.98	1.47 kil.
1	2	3 liv.

j'ai un autre tarif pour transformer des livres (poids de marc) en kilogrammes, et réciproquement.

Si j'amène 1 sous 1028,

.1028	.506	.408 sol. nouv.
1	2	3 sol. anc.

J'en ai encore un autre pour transformer des solives anciennes en solives novelles, et réciproquement.

Si j'amène 1 sous 5.14,

5.14	circonférences.
1	diamètres.

J'ai un tarif au moyen duquel je trouve immédiatement la grandeur d'une circonférence par celle de son diamètre, et réciproquement.

Exemp. Quelle est la grandeur d'une circonférence dont le diamètre $= 5$ pieds.

$$3_{1}4 \qquad x \qquad x = 15.7 \text{ pieds.}$$
$$1 \qquad 5$$

Quel est le diamètre d'un cercle dont la circonférence $= 47.1$ met. ?

$$3_{1}4 \qquad 47.1$$
$$1 \qquad x \qquad x = 15 \text{ met.}$$

Les nombres placés dans les tables d'indicateurs, donnent encore lieu à des tarifs de réduction
de la plus grande utilité : par exemple prenons les
nombres de la colonne *mm* dans la table des *surfaces*. Si j'amène 1 sous le nombre 3.8 (c'est celui
qui correspond à *toise carrée*.),

$$3.8 \qquad 7.6 \qquad 11.4 \text{ metres carrés.}$$
$$1 \qquad 2 \qquad 3 \text{ toises carrées.}$$

j'ai un tarif de réduction de toises carrées en mètres
carrés et réciproquement.

Si j'amène 1 sous 342,

$$342 \qquad \text{mètres carrés ou ares ou hectares.}$$
$$1 \qquad \text{arpens ou perches de Paris.}$$

j'ai un tarif pour la réduction des arpens et des
perches carrées de Paris en mètres carrés, ou si l'on
veut, en *ares* et en *hectares*.

Ainsi pour savoir combien 17 arpens de Paris font d'arpens nouveaux , c'est-à-dire d'hectares,

342	x	$x = 5.81$ hectares.
1	17	

j'amène 1 sous 342, et au-dessus de 17 je vois 5.81 hec. pour la valeur de 17 arpens de Paris.

De même pour savoir combien 25 perches carrées de Paris valent d'hectares,

342	x	$x = 0.0855$ hectares.
1	25	

prenons de même les nombres de la colonne *ddd* dans la table des volumes ; si j'amène 1 sous 0, 591 correspondant à *pinte*,

931 litres.	23.3
1 pintes.	25

j'ai un tarif pour la réduction des pintes en litres ou des litres en pintes. Ainsi si je veux savoir combien 25 pintes valent de litres, je regarde au-dessus de 25, et je trouve 23.3 litres. pour la valeur demandée.

Si je veux savoir combien 15 toises cubes valent de stères ,

74	111 stères.
1	15 toises cubes.

j'amène 1 sous 74, et au-dessus de 15 je vois 111 stères pour réponse à la question.

Le tarif que la règle présente dans cette position

sert encore à trouver les prix correspondans de la toise et du stère.

Exemple. Si la toise cube vaut 18 ^{f}, combien doit valoir le stère ?

74	18	prix de la toise cube.
1.	2.43	prix du stere.

Sans entrer dans de plus grands détails sur un article que chacun peut approfondir soi-même, j'observerai qu'il suffit de connaître le rapport de deux unités de mesure pour avoir un tarif de réduction de l'une dans l'autre. Ce qui donne la facilité d'augmenter à volonté le nombre des tarifs.

Exemple Voulez-vous un tarif de réduction pour transformer des *tonneaux de grains* de Nantes, en *hectolitres*, cherchez dans un livre de réduction des anciennes mesures aux nouvelles, le rapport du *tonneau de grains* de Nantes à l'hectolitre, vous trouverez qu'il vaut 14.57 hectolitres.

14.57	hectolitres.
1	tonneaux.

Amenez 1 sous 14.57 et vous aurez le tarif demandé.

SECONDE PARTIE.

Multiplication de plusieurs fractions.

Exemple. Quel est le produit de $\frac{3}{4}$ par $\frac{7}{5}$, ou ce qui revient au même, quels sont les $\frac{7}{5}$ de $\frac{3}{4}$?

3		525
4	5	7

Amenez 4 sous 3 comme pour représenter la fraction $\frac{3}{4}$; cela fait, prenez 7 et 5, les termes de la seconde fraction, sur la coulisse, puis observez (1) quel est le nombre qui répond au numérateur 7 ; c'est 525 : amenez y le dénominateur 5, de manière qu'il prenne exactement la place de 7 :

1.05	525
1	5

l'opération est finie, et 1 sur la coulisse correspond à 1.05 qui est le produit demandé.

Si vous voulez encore multiplier ce produit par la

---

(1) Autrement amenez le curseur de la règle sur 7 , et ensuite 5 contre le curseur ; le nombre 1.05 que vous trouverez au-dessus de 1 sera le produit demandé.

fraction $\frac{4}{9}$; au lieu d'observer 1.05, prenez 4 et 9 sur la coulisse,

$$\overline{\quad 42 \qquad\qquad 525 \quad}$$
$$\overline{\quad 4 \qquad\qquad\quad 5 \qquad 9 \quad}$$

puis observez le nombre qui répond à 4; c'est 42 : amenez 9 à la place de 4, c'est-à-dire sous 42,

$$\overline{\quad 0.467 \qquad\qquad 42 \quad}$$
$$\overline{\quad 1 \qquad\qquad\qquad 9 \quad}$$

et au-dessus de 1 vous verrez 0.467, le produit final.

Cette opération est très-utile, particulièrement dans les calculs relatifs aux engrénages, comme j'en donnerai la preuve par des exemples. Le seul défaut qu'on puisse lui reprocher, et avec raison, c'est l'in-détermination de la virgule dans le produit; mais il est corrigé par la méthode suivante.

MÉTHODE

pour déterminer le nombre des chiffres entiers du résultat d'une opération faite sur la règle.

Je suppose d'abord une opération simple, c'est-à-dire une opération qui n'exige qu'un mouvement de coulisse, pour préparer au cas général qui vient ensuite.

Multiplication d'un nombre entier (ou d'un nombre décimal) par une fraction.

Au nombre des chiffres de l'entier, ajoutez celui des chiffres du numérateur; de la somme, retranchez le nombre des chiffres du dénominateur ; le reste exprimera exactement, ou à une unité près, le nombre des chiffres du résultat. Pour achever de le déterminer, faites l'opération comme à l'ordinaire , en ayant soin de prendre vos nombres dans les premières échelles (1) de la règle et de la coulisse. Il arrivera de trois choses l'une : ou 1°., le résultat se trouvera dans la première échelle , alors il aura précisément autant de chiffres que l'indique le reste obtenu précédemment; ou 2°., il se trouvera avancé dans la seconde échelle, auquel cas il aura un chiffre de plus ; ou 3°, il se trouvera reculé à gauche de la première échelle, et il en aura un de moins.

Exemples.

1° Soit 3.9 à multiplier par $\frac{24}{78}$;

1	...12...	24	1	10
1	3.9	78	1	10

Le nombre 3.9 a . . . . 1 chiffre entier.

Le numérateur 24 en a 2

　　　　　TOTAL . . . . . . 3 chiffres entiers.

Le dénominateur 78 en a . . 2

　　　　　Reste . . . . 1 chiffre entier.

(1) J'appelle échelles, sur la coulisse et sur la ligne supérieure de la règle, les deux moitiés dont elles se composent, parce qu'en effet chacun des intervalles (1 1), (1 10) forme une échelle complète. Observez que le premier 1 appartient à la première échelle ; le 1 du milieu, a la seconde échelle, et 10 de la fin, à une troisième échelle qui n'est pas marquée sur la règle.

Le produit ...72... se trouvant dans la première échelle, doit avoir précisément un chiffre entier; ainsi ce produit est égal à 1.2

2° Soit 408 à multiplier par $\frac{89.1}{1.87}$

1	89.1	1	1944	10
	1	1.87		408

Le nombre 408 a . . . . 3 chiffres entiers.
Le numérateur 89.1 en a . . 2

     Total. . . . . 5 chiffres entiers.
Le dénominateur 1.87 en a . 1

     Reste. . . . . 4 chiffres entiers.
comme le résultat ...1944... se trouve avancé dans la seconde échelle, il doit avoir un chiffre entier de plus, c'est-à-dire, en tout 5 chiffres entiers : ce résultat est donc égal à 19440

3° Enfin, soit 392 à multiplier par $\frac{180}{88.2}$

x	1	180	$x =$ ...8...
1	392	88.2	392

Le nombre 392 a . . . . 3 chiffres.
Le numérateur 180 en a . . . 3

    Total . . . . . . 6 chiffres.
Le dénominateur 88.2 en a . 2

     Reste . . . . 4 chiffres.
et comme le résultat ...8... se trouve reculé à gauche de la première échelle, il aura un chiffre de moins

que 4, c'est-à-dire 3; ainsi ce résultat est égal à 800.

Le lecteur pourra faire l'application de cette méthode à la multiplication et à la division des nombres entiers (ou décimaux), en observant qu'un nombre entier ou décimal peut être regardé comme fraction dont le dénominateur est 1, et que multiplier 3 par 4, c'est lamême chose que multiplier 3 par la fraction $\frac{4}{1}$; comme aussi diviser 3 par 4, c'est la même chose que multiplier 3 par la fraction $\frac{1}{4}$.

Cas général.

Multiplication d'un nombre quelconque de fractions les unes par les autres.

Faites l'opération comme à l'ordinaire, en observant à chaque mouvement de la coulisse, de combien d'échelles le résultat se trouve avancé ou reculé par rapport à l'échelle où vous avez commencé à opérer, et vous trouverez que le nombre des chiffres du produit est égal à 1

Plus le nombre des chiffres entiers des numérateurs.

Plus le nombre des zéros (1) décimaux des dénominateurs.

---

(1) J'appelle zéros décimaux dans la fraction 0.0045, les deux zéros qui sont entre le point et le premier chiffre significatif 4. Ainsi la fraction 0.000809 a trois zéros décimaux, la fraction 0.370 n'en a point. Ces zéros ne comptent qu'autant qu'il n'y a pas de chiffre entier en avant. Dans le nombre 2.08, par exemple, je compte un chiffre entier, sans m'occuper du zéro qu'il renferme.

Moins le nombre des zéros décimaux des numérateurs.

Moins le nombre des chiffres entiers des dénominateurs.

$$\left.\begin{array}{l}\text{Plus}\\\text{ou}\\\text{Moins}\end{array}\right\}\ \text{le nombre d'échelles dont le résultat est}\ \left\{\begin{array}{l}\text{avancé}\\\text{ou}\\\text{reculé.}\end{array}\right.$$

Exemples.

Soit la fraction $\frac{063}{0.014}$ à multiplier par $\frac{77}{2.2}$ et le produit ensuite par 60, ou ce qui revient au même, par la fraction $\frac{60}{1}$;

Commencez par écrire sur le papier les fractions $\frac{0.63}{0.014}$, $\frac{7.7}{2.2}$, $\frac{60}{1}$ ensuite effectuez l'opération sur la règle, vous trouvez pour résultat ...945..., et vous voyez de plus qu'il est avancé d'une échelle ; ainsi le nombre des chiffres du produit est

égal à 1

Plus le nombre des chiffres entiers des

numérateurs 3

Plus le nombre des zéros décimaux des

dénominateurs 1

Moins le nombre des zéros décimaux

des numérateurs 0

Moins le nombre des chiffres entiers des

dénominateurs. 2

Plus une échelle dont le résultat est

avancé 1

Total . . . 6 moins 2

Reste . . . 4

Ainsi le résultat ayant quatre chiffres, sera précisément égal à 9450.

Cette méthode si longue en apparence, est très-expéditive dans la pratique. Ainsi dans l'exemple précédent, je compte tout ce qui doit être pris en plus, cela fait 6 que j'écris ; tout ce qui doit être pris en moins, cela fait 2 que je retranche de 6 ; il reste 4, c'est le nombre des chiffres du produit.

Soit encore la fraction $\frac{3.5}{2100}$ à multiplier par $\frac{0.0081}{7.2}$

et le produit à diviser par 3 ou ce qui revient au même, à multiplier par $\frac{1}{3}$

$$\frac{3.5}{2100}, \quad \frac{.0081}{7.2}, \quad \frac{1}{3}$$

L'opération faite sur la règle donne le résultat ...625... reculé d'une échelle.

Le nombre des chiffres entiers de ce résultat sera donc égal à 1

Plus le nombre des chiffres entiers des numérateurs , ... 2

Plus le nombre des zéros décimaux des dénominateurs 0

Moins le nombre des zéros décimaux des numérateurs 2

Moins le nombre des chiffres entiers des dénominateurs 6

Moins une échelle dont le résultat est reculé . . . ., ... 1

TOTAL . . . . 3 moins 9

9 ne peut être retranché de 3, ainsi le résultat n'a pas de chiffres entiers. De plus si vous faites l'in-

verse, c'est-à-dire si vous retranchez 3 de 9, le reste 6 exprime le nombre des zéros décimaux du résultat ...625... qui est par conséquent 0.000000625.

COULISSE A REBOURS.

Dans la position de droite de la coulisse, les quotiens des nombres qui se correspondent sur la coulisse et sur la règle sont tous-égaux. Ainsi, dans la figure O vous voyez que les nombres de la règle divisés par ceux qui leur correspondent sur la coulisse, donnent tous pour quotient 3. C'est de cette propriété fondamentale que dérivent toutes les autres propriétés de la règle; c'est d'elle, par exemple, qu'on déduit l'égalité des fractions dont il est parlé à la suite de la division; c'est d'elle encore que dérivent la règle de trois, la multiplication, etc.

Lorsque la coulisse est placée à rebours, il existe une propriété analogue; mais au lieu des quotiens, ce sont les produits qui sont égaux.

1	2	3	6	12	4	
12	6	4	2	1	3	

par exemple, si j'amène 4 sous 5, et que je multiplie les nombres de la règle par ceux qui leur correspondent sur la coulisse, c'est-à-dire, 5 par 4, 6 par 2, 12 par 1, etc., je trouve toujours 12 pour produit, et ce produit est précisément le nombre qui correspond à 1 au-dessous ou au-dessus, peu importe ; car vous voyez que si d'un côté 4 est au-dessous de 3, d'un autre côté il est au-dessus, et de même pour tous les nombres qui se correspondent.

Delà résulte une nouvelle manière de faire la multiplication et la division.

Multiplication.

Amenez l'un au-dessous de l'autre, les deux nombres que vous voulez multiplier, et vis-à-vis de 1 sera le produit.

Exemp. Combien font 12 fois 15 ?

1	12	x	$x = 180$
x	15	1	

Dorénavant je ne répéterai plus les doubles correspondances, telles que 1 au-dessus de x et x au-dessus de 1, qui forment confusion dans la figure ; il suffit de se rappeler qu'elles ont toujours lieu lorsque la coulisse est placée à rebours.

Division.

Amenez 1 sous le dividende et au-dessus du diviseur vous trouverez le quotient.

Exemp. Ier. Quel est le quotient de la division de 42 par 7 ?

42	7	$x = 6$.
1	x	☞

Cette méthode est quelquefois plus commode que l'autre.

Exemp. IIe. Si l'on tire 20 planches dans l'épaisseur d'une pièce de bois de 16 pouces d'épais, quelle sera l'épaisseur de chaque planche ? Pour résoudre cette question, il n'y a qu'à diviser 16 par 20.

x	1.23	16	2	$x = 0.8$ pouces.
20	13	1	8	☞

j'amène 1 sous 16, et vis-à-vis de 20 je vois 0.8 ^{pouc.} pour l'épaisseur demandée. Si au lieu de tirer 20 planches on n'en tire que 8, je trouve 2 ^{pouc.}, l'épaisseur correspondante, au-dessus de 8 ; si l'on en tire 13, je trouve 1.23 ^{pouc.}, et ainsi de suite, sans rien changer à la position de la coulisse.

En général, toute opération que l'on fait avec la coulisse droite peut se faire également avec la coulisse à rebours.

LIGNE DES CARRÉS.

On appelle carré d'un nombre le produit de ce nombre par lui-même. Ainsi 4 fois 4 font 16, 16 est le carré de 4 ; on dit aussi que 4 est la racine carrée de 16.

(43)

J'ai appelé la ligne inférieure *ligne des carrés ;*
cela signifie que là où il y a 2, il faut voir le carré de
2, c'est-à-dire , 2 fois 2 ; là où il y a 3, il faut
voir 3 fois 3, et ainsi de suite. Avec cette attention , vous retrouvez sur la ligne inférieure de
la règle , les mêmes propriétés que sur la ligne
supérieure; par exemple, lorsque la règle a cette
position,

7	28
3	6

vous lisez 7 *est à* 3 *fois* 3 *comme* 28 *est à* 6 *fois* 6.

Lorsqu'elle a celle-ci ,

28	7
3	6

vous lisez 28 *multiplié par* 3 *fois* 3 *égale* 7 *multiplié par* 6 *fois* 6, etc.

Ces propriétés, outre qu'elles augmentent les ap-
plications de la règle, en simplifient beaucoup l'u-
sage. Ainsi, former le cube de 6, c'est multiplier
6 par 6 fois 6 ; vous faites cette double multiplication en amenant 6 sur 6,

$$x = 216$$

1	6
	6

et alors au-dessus de 1 vous trouvez immédiatement
216, le cube demandé, tandis que sans le secours
de la ligne des carrés, il aurait fallu faire deux
opérations.

Carrés et racines carrées

Au lieu de lire ainsi les nombre sur la ligne des carrés,
si vous les lisez tels qu'ils sont écrits, il en résulte d'autres
propriétés encore très-utiles que je vais exposer.

1		1			10
1	4	1	16	4	10
1	2		4	6.33	10

lorsque 1 et 10 de la coulisse correspondent à 1 et 10, elle
forme avec la ligne des carrés un tarif de carrés et de racines
carrees, tel que si vous prenez un nombre quelconque, 4 par
exemple, sur la coulisse, sa racine carrée 2 est au-dessous ; si
vous le prenez sur la ligne des carrés, son carré 16 est au-
dessus.

Il n'est pas indifférent de prendre un nombre dans la première ou dans la seconde échelle de la coulisse, pour avoir
sa racine carrée : par exemple, au-dessous de 4 pris dans
la première échelle vous voyez 2 qui est la racine carrée
de 4, tandis qu'au-dessous de 4 pris dans la deuxième, vous
voyez 6.33 qui est la racine carrée de 40 ; remarquez
que la première racine étant toujours à peu près le tiers de
la deuxième, il n'y a pas à craindre, en général, que l'on
prenne l'une pour l'autre : car on sait bien à 3 fois près quel
résultat l'on doit avoir ; mais comme il peut arriver qu'on
ne le sache pas, voici une règle fixe à cet égard.

Si le nombre dont vous voulez extraire la racine carrée

contient un nombre impair de chiffres entiers ou de zéros décimaux, il faut le prendre sur la première échelle de la coulisse, et alors sa racine carrée est dans la première moitié de la ligne des carrés ; s'il en contient un nombre pair (o est un nombre pair), il faut le prendre dans la sseconde échelle de la coulisse, et alors sa racine est dans la seconde moitié de la ligne des carrés ; ainsi les racines carrées des nombres 5 , 376 , 8.9 , 0.07 , 0.068 , seront dans la première moitié de la ligne descarrés , et celles des nombres 24 , 38.6 , 0.197 , 0.0016 , seront dans la seconde

Quand un résultat est donné sur la ligne supérieure de la règle , le nombre correspondant sur la ligne inférieure en est la racine carrée.

Exemp. Ier. Quel est le produit de 4 par 9

1		4	x		$x = 36$
		9	1		
			y		$y = 6.$

j'amène 9 sous 4 , et au-dessus de 1 je trouve 36 pour le produit demandé, tandis qu'au-dessous, je trouve 6 qui est la racine carrée du produit de 4 par 9, ou en d'autres termes , le moyen proportionnel entre 4 et 9.

Exemp. IIe. Combien y aura-t-il de toises carrées dans la surface d'un plancher de 26 pieds de longueur sur 21 pieds de largeur.

x	21		$x = 15.17$ tois. car.
36	26		
y			$y = 3.89$ toises.

au-dessus de l'indicateur 36 je trouve 15.17 toises carrées pour la surface du plancher , et au-dessous je vois 3.89 toises, La racine carrée de ce nombre ; c'est le côté d'un carré qui présente une surface égale à celle du plancher.

SURFACES

de l'ellipse et du cercle.

Ellipse.		*Cercle.*
x Grand diamèt.		x

1273 Petit diam. ⟿	1273 1 ⟿

Diamètre.

Pour avoir la surface de l'ellipse du cerle, placez la coulisse à rebours, ensuite amenez le petit diamètre sous le grand pour l'ellipse, ou 1 au-dessus du diamètre pour le cercle, et à 1273 sera l'expression de la surface.

Exemp. Ier. Quelle est la surface d'une ellipse dont le grand diam.$=$18 $^{po.}$, et le petit diam.$= 6$ $^{po.}$

18	x	$x = 84.8$ $^{pouc.carr.}$
6	1273	⟿

Exemp. IIe. Quelle est la surface d'un cercle dont le diamètre $= 8$ ^{mètres} ?

x		$x = 50.3$ $^{mètr.carr.}$
1273	1	⟿
y	8	$y = 7.09$ $^{mètres.}$

Rép. 5.03 mètres carrés : la valeur 7.09 mètres trouvée au-dessous de 1273 est celle du côté du carré équivalent au cercle.

CYLINDRE CREUX.

Mesurez-le comme un cylindre plein, excepté

qu'au lieu du diamètre sur la ligne des carrés, vous prendrez sur la ligne supérieure de la règle, le produit de la somme des diamètres intérieur et extérieur par leur différence.

Exemp. Ier. Combien y aura-t-il de toises cubes dans le mur d'un puits de 15^m· de profondeur, le diamètre pris en dedans du mur étant égal à 3^m·, et le diamètre pris en dehors, à 3.^{m}· 85 ?

Somme des diamètres . . . . 6.^{m}.85
Différence . . . . o.^{m}.85

L'indicateur est 943 pris sur la ligne *toise cube* et sur la colonne *dd cylindres*.

Prod.	685		Prod.$=$582
I	85		
582	943		$x=$9.26$^{to. cu.}$
15	x		

Exemp. IIe. Quel est le poids d'un tuyau en fonte grise ayant 110 centimètres de hauteur sur 11 centimètres de diamètre intérieur et 15 centimètres de diamètre extérieur ?

Somme des diamètres . . . . 26 centimètres.
Différence (1) . . . . 4 centimètres.
L'indicateur est 166 sur la ligne *fonte grise*.

---

(1) Observez que la différence des diamètres intérieur et extérieur est précisément égale au double de l'épaisseur du tuyau.

Prod.	26		Prod. $=104$
1	4		☞
166	104		$x = 68.9^{\text{kil.}}$
x	110		☞

CONE, CONE TRONQUÉ, SPHÈRE CREUSE.

La mesure de chacun de ces trois corps se ramène à celle d'un cylindre équivalent.

Ainsi un cône se mesure comme un cylindre ayant pour hauteur le tiers de celle de ce cône, et pour diamètre, le diamètre de sa base.

Exemp. Quel est le poids d'un cône d'argent ayant 12 pouces de hauteur sur 6 pouces de diamètre à sa base?

Diamètre du cylindre $=$ 6 pouces.
Hauteur du cylindre $= \frac{1}{3}$ de 12 pouces, c.-à-d. 4 pouces.
Indicateur $= 595$

595		$x = 24.2^{\text{kil.}}$
x	4	☞
	6	

Un cône tronqué se mesure comme un cylindre de même hauteur ayant pour diamètre la demi somme des diamètres des deux bases.

Exemp. Quel est le poids d'un fût en marbre ayant 1.79^m· de hauteur sur 0.2^m· de diamètre à sa partie inférieure et 0.16^m· de diamètre à sa partie supérieure ?

Diamètres des deux bases $\begin{cases} 0.2^m. \\ 0.16^m. \end{cases}$

Somme   0.36^m·

Le diamètre du cylindre en est la moitié   0.18^m·

Hauteur du cylindre $=$ 1.79 ^{m}·

L'indicateur est 469 sur la ligne *marbre*.

469          $x = 123.7$ $^{kil.}$

x 179

18

La mesure ainsi obtenue n'est pas rigoureuse ; pour la rendre telle, il faut y ajouter celle d'un cône ayant pour hauteur 1.79 ^{m}· comme le cône tronqué, et pour diamètre, la moitié de la différence des diamètres des deux bases, c'est-à-dire, la moitié de 0.04 ^{m}·, ou 0.02 ^{m}·

En prenant le tiers de 1.79 ^{m}·, qui est 0.597 ^{m}·

469         $x = 0.5$ $^{kil.}$

x 597

2

vous trouverez pour le poids de ce cône, 0.5^{kil}·qui ajoutés à 123.7 kil., feront 124.2 kil. pour le poids exact du cône tronqué. La différence 0.5 kil. est trop petite par rapport au poids total pour qu'il soit nécessaire d'en tenir compte. Ainsi la première mesure 123.7, quoiqu'inexacte, était suffisante. Il en sera de même toutes les fois que le plus petit diamètre ne sera pas moindre que les $\frac{4}{5}$ du plus grand; mais s'il est moindre, l'erreur deviendra plus considérable, il pourra être nécessaire d'en tenir compte.

Une sphère creuse se mesure comme un cylindre ayant pour hauteur le quadruple de l'épaisseur de la sphère, et pour diamètre, le diamètre intérieur de la sphère augmenté de l'épaisseur.

Exemp. Quel est le poids d'une sphère creuse en cuivre, ayant 15 millimètres d'épaisseur sur 1.465ᵐ· de diamètre intérieur?

$$\text{Diamètre du cylindre} = \begin{cases} & 1.463\,\text{m.} \\ \text{Plus} & 15\,\text{milli.} \end{cases}$$

Diamètre du cylindre = 1.478 m.

Hauteur du cylindre = 4 fois 15 milli. = 60 milli.

L'indicateur est 143 sur la ligne *cuivre.*

$$\begin{array}{c|c} 143 & x = 917^{\text{kil.}} \\ \hline x & 60 \\ \hline & 1.478 \end{array}$$

cette mesure peut être regardée comme rigoureuse toutes les fois que l'épaisseur est moindre que $\frac{1}{10}$ du diamètre extérieur, comme cela a presque toujours lieu.

INDICATEURS servant à trouver la surface d'un polygone régulier et le volume d'un prisme ayant pour base un
polygone régulier dont on connaît le périmètre, c.-à-d. le
pourtour.

NOMBRE DE COTÉS.	INDICATEURS.
3	20.8
4	16
5	14.53
6	13.86
7	13.49
8	13.25
9	13.1
10	12.99
11	12.92
12	12.85
Cercle . . .	12.57

Surface d'un polygone régulier.

Indicateur.

$$x \qquad 1 \qquad \Longrightarrow$$

Périmètre

Amenez 1 au-dessus du périmètre, et au-dessous
de l'indicateur sera l'expression de la surface du
polygone.

Exemp. Ier. Quel est la surface d'un triangle
équilatéral dont le périmètre $= 36$ [pouces].?

L'indicateur est 20.8

20.8	
x	I

36

$x = 62.3$ pouc. car.

Exemp. IIe. Quelle est la surface d'un polygone régulier de 7 côtés, dont le périmètre est égal à 245 milli. ?

L'indicateur est 13.49

13.49	
x	I

245

$x = 44.50$ millim. car.

VOLUME D'UN PRISME

Ayant pour base un polygone régulier.

Indic.

x	haut.

périmètre.

Amenez la hauteur au-dessus du périmètre, et au-dessus de l'indicateur sera l'expression du volume du prisme.

Exemp. Supposez un bassin comme celui qui est au bout de la grande allée du jardin des Tuileries, ayant pour profondeur 1.2 mètres, et pour base, un polygone régulier de 8 côtés dont le périmètre =

144 mètres ; combien pourra-t-il contenir de mètres cubes d'eau ?

L'indicateur est 13.25.

$$13.25 \qquad\qquad x = 1878 \text{ mèt. cub.}$$

$$\frac{x \qquad\qquad 1.2}{144}$$

Le dernier nombre de la table, 12.57, sert à trouver la surface d'un cercle ou le volume d'un prisme ayant pour base un cercle dont on connaît la circonférence.

Exemp. Quelle est la surface d'un cercle dont la circonférence $= 5$ mètres ?

$$12.57 \qquad\qquad x = 1.99 \text{ mèt. carr.}$$

$$\frac{x \qquad\qquad 1}{5}$$

Quel est le volume d'un cylindre ayant 16 pouces de hauteur sur 25 pouces de circonférence ?

$$12.57 \qquad\qquad x = 796 \text{ pouc. cub.}$$

$$\frac{x \qquad\qquad 16}{25}$$

ANNEAU ET SOLIDES DE RÉVOLUTION

Concevez une barre de fer rond et supposez qu'on la courbe en cercle de manière que ses deux extrémités se joignent, vous aurez ce qu'on appelle un anneau. De cette définition même résulte le moyen d'évaluer le volume ou le poids d'un anneau; c'est de le concevoir redressé : alors vous êtes ramené à évaluer un cylindre ayant pour diamètre le diamètre du filet de l'anneau, et pour hauteur, son développement que vous obtiendrez en calculant la longueur de la circonférence qui a pour diamètre la demi-somme des diamètres intérieur et extérieur de l'anneau.

En général, pour évaluer un solide de révolution quelconque, vous n'avez qu'à le concevoir redressé; mais au lieu d'un cylindre comme dans le cas de l'anneau, vous serez ramené à évaluer un prisme ayant pour base la section génératrice droite, et pour hauteur, le développement de la circonférence que décrit le centre de gravité de cette section.

Observation sur la Mesure des corps en général.

La hauteur et le produit des deux autres dimensions (ou le diamètre), l'indicateur et l'expression du volume ou du poids d'un corps, sont quatre nombres qui se correspondent toujours en même tems de la manière suivante :

Indic.	prod.
Vol. ou poids.	haut.
	Diam.

de là résulte un moyen de déterminer un de ces quatre nombres, lorsque les trois autres sont connus. Vous avez déjà vu beaucoup d'exemples sur la dé-termination du volume et du poids ; en voici d'autres sur la détermination d'une des dimensions d'un corps.

Exemp. Ier. Quelle est l'épaisseur d'une plaque de fer battue dont la longueur = 0.75 ^{mèt}., la largeur = 0.4 ^{mèt}., et le poids = 2.57 kilogrammes?

L'indicateur est 1282 sur la ligne *fer*.

Prod.	0.4	Prod. = 3
1	0.75	
1282	3	$x = 0.0011$ ^{mèt}.
2.57	x	

Exemp. IIe. Connaissant la hauteur et le poids d'un tuyau en fonte grise, de plus, connaissant à peu près la somme des diamètres intérieur et extérieur du tuyau, déterminer avec précision leur différence.

Supposons le poids du tuyau = 5 ^{kil}.

la hauteur = 0.75 ^{mèt}.

La somme des diamètres = 0.138 ^{mèt}.

L'indicateur sera 166 sur la ligne *fonte grise.*

Prod.	75	Prod. = 1035
1	138	
166	1035	$x = 0.00802$ ^{mèt}.
5	x	

La différence des diamètres sera de 8.02 millimètres ; ainsi l'épaisseur qui est la moitié de cette différence, sera égale à 4.01 millimètres.

Exemp. III*. Quelle est l'épaisseur d'une sphère creuse en cuivre pesant 91.7 kilog., et dont le diamètre moyen = 1.478 mètres.

L'indicateur est 143 sur la ligne *cuivre*.

$$143 \qquad\qquad x = 0.006^{\text{met.}}$$
$$\overline{}$$
$$91.7 \qquad\qquad x$$
$$\overline{}$$
$$1.478$$

x est le quadruple de l'épaisseur ; ainsi l'épaisseur est égale au quart de 0.006 $^{\text{m.}}$ c.-à-d. à 0.0015$^{\text{m.}}$

Exemp. IVe. Quel est le diamètre moyen d'un tonneau de 1.5 mètres de longueur qui, plein d'eau, pèse 360 kilogrammes de plus que lorsqu'il est vide?

x est le quadruple de l'épaisseur ; ainsi l'épaisseur est égale au quart de 0.006 $^{\text{met.}}$ c.-à-d. à 0.0015$^{\text{mètr.}}$

L'indicateur est 1273

$$1273$$
$$\overline{}$$
$$360 \qquad\qquad 15$$
$$\overline{}$$
$$x \qquad x = 0.553 \text{ mèt.}$$

Je vais maintenant appliquer l'usage de la règle à la résolution de quelques questions de mécanique et d'intérêt, et particulièrement de celles qui concernent les filatures de coton, afin de montrer par un exemple jusqu'à quel point cette règle peut être utile dans les manufactures et dans les ateliers.

Levier.

Ire *Question.* Un poids de 450 ^{kil}. est suspendu à 4 centimètres de distance du point d'appui dans un levier, quel est le poids qui suspendu de l'autre côté, à 70 centimètres de distance du même point, lui fera équilibre ?

4	70	$x = 25.7$ kil.
450	x	☞

IIe. *Quest.* Un poids de 432 kilog. suspendu à 6 centimètres de distance du point d'appui, est équilibré par un poids de 54 kilog. suspendu de l'autre côté ; quelle est la distance de ce second poids au point d'appui ?

432	54	$x = 48$ centi.
6	x	☞

Roues dentées. — Construction.

Connaissant le diamètre et le nombre des dents d'une roue, déterminer l'épaisseur de chaque dent (l'alvéole y compris).

3,14	Epaisseur.	
Diamètre.	Nombre de dents.	☞

Mettez la coulisse à rebours, puis amenez le diamètre sous 3. 14, et au-dessus du nombre des dents de la roue vous trouverez leur épaisseur.

Exemp. Une roue de 57 dents ayant 40 pouces de

diamètre, quelle sera l'épaisseur de chaque dent?

$$\frac{514}{40} \qquad \frac{x = 2.2 \text{ pouces.}}{57} \quad \text{☞}$$

Le diamètre étant le même et l'épaisseur des dents étant de 2 pouces, quel sera le nombre des dents?

$$\frac{514 \qquad 2}{40 \qquad x} \qquad x = 63 \text{ dents.} \quad \text{☞}$$

Observez que la règle ainsi disposée, est un tarif d'épaisseurs et de nombres de dents pour les roues de 40 pouces de diamètre.

Engrenage simple.

Ire. *Quest.* Connaissant les nombres de révolutions que font dans le même tems deux roues qui s'engrènent, ou deux poulies dont l'une communique le mouvement à l'autre au moyen d'une corde passant dans leurs gorges, connaissant de plus le nombre des dents ou le diamètre de l'une d'elles, déterminer le nombre des dents ou le diamètre de l'autre.

Nomb. de dents ou diamètre { de la 1re.	Nomb. de dents ou diamètre { de la 2me.
Nomb. de révol. de la 1re.	Nomb. de révol. de la 2me. ☞

Exemp. 1er. Une roue de 192 pouces de diamè-tre fait 4 révolutions par minute; quel sera le dia-mètre d'une autre roue engrenant la première, et qui doit faire 81 révolutions dans le même tems ?

$$\frac{192 \qquad x}{4 \qquad 81} \qquad x = 9.5 \text{ pouces.}$$

Exemp. IIe. Une roue de 120 dents fait 18 ré-volutions par minute; quel sera le nombre des dents d'une autre roue engrenant la première, et qui doit faire 54 révolutions dans le même tems ?

$$\frac{120 \qquad x}{18 \qquad 54} \qquad x = 40$$

Exemp. IIIe. La poulie fixée sur l'axe d'une carde ayant 15 pouces de diamètre, tandis que celle fixée sur l'axe du peigne en a 5, on demande combien la seconde fera de tours pendant la première, 1.

$$\frac{15 \qquad 5}{1 \qquad x} \qquad x = 3$$

IIe. *Question*. Connaissant la distance des cen-tres de deux roues qui s'engrènent et le nombre des révolutions de chacune d'elles, trouver leurs diamètres.

Par exemple, si la distance des centres est de 45.5 ^{pouces}, et que les deux roues fassent l'une 22 et l'autre, 15.5 révolutions par minute, quels seront leurs diamètres ?

Commencez par partager la distance des centres en deux parties qui soient entr'elles dans le rapport de 22 à 15.5, pour cela ajoutez 22 et 15.5 = 57.5

45.5	18.8	26.7
57.5	15.5	22

Ensuite amenez 57.5 sous 45.5, et au-dessus de 15.5 et de 22, vous trouverez 18.8 pouces et 26.7 pouces pour les longueurs des parties cherchées ; ce sont les rayons des deux roues, en les doublant vous aurez leurs diamètres, 57.6 pouces et 53.4 pouces

ENGRENAGE COMPOSÉ.

Dans une série d'engrenages, le mouvement part d'une extrémité de la série et se communique de proche en proche d'un axe au suivant jusqu'à l'autre extrémité.

Chacun des axes porte deux (1) roues dentées. La première reçoit le mouvement de l'axe précédent, on l'appelle *menée* ; la seconde communique le mouvement à l'axe suivant, on l'appelle *menante*.

---

(1) Nous examinerons le cas particulier où il n'y en a qu'une.

Tout engrenage peut être représenté de la manière suivante :

$$n' \text{\textemdash} m'$$
$$n'' \text{\textemdash} m''$$
$$n''' \text{\textemdash} m'''$$
$$n^{IV} \text{\textemdash} m^{IV}$$

Les lettres m', n', m'', n'', etc., désignent les roues et leurs nombres de dents. m représente les menantes et n, les menées ; ainsi m' engrene n'', m'' engrene n''', etc. ; n' reçoit l'action du moteur. Les mêmes lettres peuvent aussi désigner des poulies et leurs diamètres ; alors, le mouvement se communique au moyen de cordes ; le calcul est absolument le même.

Toutes les questions sur les engrenages se réduisent aux deux suivantes :

1°. Connaissant le nombre des révolutions du 1er axe, trouver le nombre des révolutions du dernier.

2°. Connaissant la vitesse (1) d'une roue, poulie ou cylindre du 1er axe, trouver la vitesse d'une roue ou poulie, ou cylindre du dernier axe.

Question des révolutions.

Disposez les roues (2) qui s'engrènent (3) ou les

______

(1) La vitesse d'une roue, d'une poulie ou d'un cylindre, est celle d'un point pris sur sa circonférence.

(2) C'est-à-dire, les nombres de dents ou les diamètres de ces roues.

(3) Je dis les roues qui s'engrènent, parce que celles qui n'engrènent pas doivent être négligées.

poulies qui se communiquent le mouvement immédiatement, en forme de fractions dont la menante soit le numérateur, et la menée, le dénominateur; le produit de ces fractions sera la réponse à la question.

Soit pour exemple l'engrenage suivant :

$$36 \xrightarrow{\text{1er axe}} 6$$
$$14 \xrightarrow{\text{2e axe}} 42$$
$$22 \xrightarrow{\text{3e axe}} 11$$
$$24 \xrightarrow{\text{4e axe}} 42$$

Sans m'embarrasser de la roue de 36 dents du 1er axe et de la roue de 42 du dernier, qui n'engrènent rien, je forme avec les autres les fractions suivantes : $\frac{6}{11}$, $\frac{42}{22}$, $\frac{11}{24}$, je les multiplie entr'elles et j'ai pour produit $\frac{0.8 \cdot 5}{1} = \frac{3}{8} = \frac{\text{révol. du } 4^{me} \text{ axe.}}{\text{révol. du } 1^{er} \text{ axe.}}$

C'est-à-dire que quand le premier axe fait une révolution, le 4e. axe en fait 0.375 d'une ou $\frac{3}{8}$ ou, etc. ; on peut choisir sur la règle.

Autre exemple tiré des cardes à coton.

$$\xrightarrow{\text{1er axe}} 32$$
$$40 \xrightarrow{\text{2me axe}} 1$$
$$56 \xrightarrow{\text{3em axe.}}$$

Le 1er axe est celui de la carde ; le 3e est celui du cylindre de derrière qui alimente la carde ; 1 est une vis sans fin, au moyen de laquelle chaque tour du 2e axe fait avancer une dent de la roue 36. Dans le calcul, il faut regarder cette vis comme une roue dentée qui n'aurait qu'une dent.

Disposition : $\frac{32}{40}$, $\frac{1}{36}$. Produit $= \frac{1}{45} = \dfrac{\text{vitess. du der axe.}}{\text{vitess. du 1}^{\text{er}}\text{ axe.}}$

C'est-à-dire que le cylindre de derrière fait 1 révolution pendant que la carde en fait 45.

Question des vitesses.

Disposez les deux roues, poulies ou cylindres qui sont sur chaque axe, en forme de fractions dont la menante soit le numérateur, et la menée, le dénominateur ; le produit de ces fractions sera la réponse à la question.

Je reprends pour exemple le premier engrenage, et pour varier, je suppose que les nombres extrêmes 36 et 42 représentent deux cylindres, l'un de 36, l'autre, de 42 millimètres de diamètre ; quelles seront les vitesses relatives de ces deux cylindres ?

Je dispose les roues et cylindres de chaque axe sous forme de fractions, comme il vient d'être dit :

$$\frac{6}{36},\ \frac{42}{11},\ \frac{11}{22},\ \frac{42}{21};$$

J'en forme le produit qui est égal à

$$\frac{0.437}{1} = \frac{7}{16} = \dfrac{\text{vitesse de der. cylindre.}}{\text{vitesse du 1}^{\text{er}}\text{. cylindre.}}$$

Cela signifie que lorsqu'un point de la circonférence du 1er cylindre parcourra 16 centim., un point de la circonférence du dernier cylindre en parcourra 7.

Si au lieu des vitesses, je voulais calculer le rapport nécessaire pour l'équilibre de deux poids suspendus l'un au cylindre de 36, l'autre au cylindre de 42, au moyen de

cordes enroulées autour de ces cylindres , j'aurais le même
rapport pris en sens inverse ,

$$\frac{0.437}{1} = \frac{7}{16} = \frac{\text{Poids suspendu au 1}^{\text{er}}\text{. cylindre.}}{\text{Poids suspendu au d}^{\text{er}}\text{. cylindre.}}$$

D'après ce principe de mécanique , que *ce que l'on gagne
en force on le perd en tems* , ou en d'autres termes, *la puissance et la résistance sont entr'elles en raison inverse de leur
vitesses* , principe général qui ramène le calcul des forces
dans les machines, à celui des vitesses.

Il arrive souvent qu'au lieu de la menée du 1er
axe on a une manivelle, et qu'il importe de connaître la vitesse de la main relativement à celle d'une
roue, poulie ou cylindre du dernier axe. Dans ce
cas, il faut prendre pour diamètre de la première
menée, le double du rayon de la manivelle.

D'autres fois on a besoin de savoir quel espace
un tour du premier axe fait parcourir à un point de
la circonférence d'une roue, poulie ou cylindre
du dernier axe. Alors il faut chercher le nombre de
tours du dernier axe, et le multiplier par la circonférence de la roue, poulie ou cylindre en question,
c'est-à-dire par 3.14 fois le diamètre de cette roue.

*Exemple tiré de l'engrenage relatif au charriot
d'une mull-jenny.*

Manivelle————70
       60——^{c}——30
          70————22
          70——5

c est l'arbre de couche, et 3 est une poulie de 3 pouces de diamètre qui fait marcher le chariot. Cela posé, de combien de pouces un tour de manivelle fera t-il avancer le chariot, la vitesse du chariot étant la même que celle de la poulie 3 ?

Quantités à multiplier : $\frac{70}{60}$, $\frac{30}{70}$, $\frac{22}{70}$, 3.14, 3 pouces

Le produit des 5 premières fractions est 0.157, c'est le nombre des révolutions du dernier axe. Le produit total est 1.48 pouces., c'est le nombre de pouces dont un tour de manivelle fait avancer le chariot.

Si la course du chariot est de 50 pouces et que l'on vous demande combien il faut de tours de manivelle pour le conduire au terme, divisez 50 par 1.48 cela vous donnera à-peu-près 34 tours pour réponse à la question.

Nous avons supposé deux roues sur chaque axe quoique souvent il n'y en ait qu'une ; mais observez que deux roues qui s'engrènent ayant la même vitesse, une roue qui est seule sur un axe rend toujours à celle qui la suit, la même vitesse (en sens contraire) qu'elle reçoit de celle qui la précéde, et qu'ainsi cette roue ne changeant que la direction du mouvement, on peut la supprimer dans le calcul.

Jusqu'ici les questions n'ont roulé que sur le premier et sur le dernier axe de la série. Si elles roulaient sur des axes intermédiaires, il faudrait regarder ceux-ci comme les axes extrêmes de la série et négliger tout ce qui serait en dehors de ces axes.

Au lieu de résoudre complètement les questions pécédentes, il arrive souvent qu'on connaît l'effet de l'engrenage et qu'on a seulement besoin d'apprécier les modifications résultantes du changement de une ou plusieurs roues dans la machine. La règle offre à cet égard des résultats aussi curieux qu'utiles.

Exemp. 1ᵉʳ. Le numéro (ou le degré de finesse) du fil à la sortie de l'engrenage dans une mull-jenny, est en raison inverse du nombre des dents de la roue de rechange : d'après cela, si avec une roue de 24 dents un fileur obtient le numéro 35, en la remplaçant par une roue de 30 dents, quel numéro obtiendra-t-il?

24	30	36	42
35	28	23.3	20

Mettez la coulisse à rebours, puis amenez 35 sous 24 et au-dessous de 30 sera 28, le numéro du fil donné par la roue de 30 dents. Si au lieu d'une roue de 30 dents, il en met une de 36, le numéro du fil correspondant sera 23.3 au-dessous de 36; s'il en met une de 42, ce sera 20 au-dessous de 42, et ainsi de suite. Le fileur qui possède un certain assortiment de roues de rechange, peut voir ainsi sur-le-champ quel numéro chacune d'elles lui donnera.

Exemp. IIᵉ. Dans le dernier engrenage,

Manivelle. ———— 70
60 ——ᶜ—— 30
70 ———— 22
70 ———— 3

Vous avez vu que le chariot sort en 34 tours de manivelle ; actuellement il s'agit de le faire sortir en 25 en changeant à la fois les deux roues 60 et 30 de l'arbre de couche ; mais le nombre des roues de rechange étant en général fort limité, il faudrait plusieurs solutions afin de pouvoir en choisir une qui n'exigeât pas d'autres roues que celle que l'on a.

1re. *Opération*. Je détermine l'indicateur relatif à la question de cette manière.

<table>
<tr><td>60</td><td>34</td><td rowspan="2">Type général.</td></tr>
</table>

			Menée.	Tours.	
60	34	(	Menée.	Tours.	)
30	Indic. = 17		Menante.	Indic.	

IIe. *Opération*. Puisque le chariot doit sortir en 25 tours de manivelle, j'amène l'indicateur 17 sous 25,

25	44	50	60
17	30	34	41

	Menées.	Menantes.
et je trouve à choisir les paires	44 . . .	50
de roues suivantes.	50 . . .	34
	60 . . .	41
	etc.	

parmi lesquelles j'en cherche une qui se trouve dans mon assortiment.

Numéro du coton filé.

Le numéro ancien est le nombre d'écheveaux de 560 tours chacun, qu'il faut pour former une livre (poids de marc), le tour étant de 51 ^{pouces} 1 ^{ligne} , ou 51.1 ^{pouces} à-peu-près.

Le numéro métrique est le nombre d'écheveaux de 1000 mètres chacun , qu'il faut pour former un demi-kilogramme. Le numéro 34 métrique est égal au numéro 43 ancien ; $\frac{34}{43}$ est le rapport constant de ces deux numéros.

Question. Un paquet de coton porte pour étiquette, n°. 120 ancien ; quel est son numéro métrique ?

$$\frac{34}{43} \qquad \frac{x = n^{o}.\ 95}{120}$$

NUMÉRO ANCIEN.

Toutes les questions relatives au numéro ancien peuvent se résoudre au moyen de l'indicateur 16.5 dont on fera usage de la manière suivante. Le poids étant supposé donné en grains et le tour du dévidoir étant de 51.1 ^{pouces} :

Ire. *Question*. Trouver le numéro d'un écheveau de 560 tours dont le poids est de 540 grains.

Type général.

$$\frac{540 \qquad 16.5}{560 \qquad x = n^{o}.\ 17} \qquad \left(\frac{\text{Poids.} \qquad 16.5}{\text{Tours.} \qquad N^{o}.} \right)$$

IIe. *Question*. Un écheveau de 140 tours pèse 36 grains; mais le tour du dévidoir au lieu d'être de 51.1 ^{pouces} n'est que de 48 ^{pouces} ; quel est son numéro ?

Cherchez d'abord le numéro comme si le tour du dévidoir était de 51.1 ^{pouces}.

36	16.5
140	$x = 64$

Ensuite corrigez le numéro trouvé,

51.1	64
48	$x =$ n°. 60 corrigé.

NUMÉRO MÉTRIQUE.

Le dévidoir a 1.429 ^{mètres} de tour, l'écheveau est de 700 tours et son poids est donné en grammes. Toutes les questions relatives au numéro métrique peuvent se résoudre au moyen de l'indicateur 0.714 dont on se servira pour le numéro métrique comme de l'indicateur 16.5 pour le numéro ancien.

Ire. *Question*. Un écheveau de 666 tours pèse 25 grammes, quel est son numéro ?

25	0.714
666	$x =$ n° 19

IIe. *Question*. Un autre écheveau de 150 tours

pèse 4.2 grammes, mais le tour n'est que de 1.3 mèt. quel est son numéro ?

Cherchez d'abord le numéro comme si le tour du dévidoir était de 1.429 mèt.

$$\frac{4.2}{150} \qquad \frac{0.714}{x = 25.4}$$

Ensuite corrigez le numéro trouvé,

$$\frac{1.429}{1.3} \qquad \frac{25.4}{x = n°.23}$$

Toutes ces questions sont utiles lorsqu'on est privé de la balance à numéroter, ou lorsqu'on doute de l'exactitude de celle que l'on a.

POMPES.

Ire. *Question* (*sur la quantité d'eau fournie.*)

1° Les deux bras du balancier d'une pompe ayant, l'un 146 centimètres, l'autre 34 centimètres de longueur, combien le petit bras doit-il faire monter ou descendre le piston lorsque l'autre bras reçoit une volée de 47 centimètres ?

$$\frac{47}{34} \quad \frac{x = 10.95 \text{ centi.}}{146} \qquad \left(\begin{array}{cc} \text{Type général} \\ \text{Volée.} \quad \text{Course du pist.} \\ \hline \text{Petit bras.} \quad \text{Gra. bras} \end{array} \right)$$

2°. La course du piston étant de 10.95 centimètres, et le diamètre du piston, de 13 centimètres, quellesera la quantité d'eau fournie par chaque coup de piston ?

L'indicateur est 1273 comme pour un cylindre.

Type général

$$1273 \qquad x = 1.414 \text{ lit.}$$
$$x \qquad 10.95$$
$$13$$

$$\left(\frac{1273}{\dfrac{\text{Eau four.} \quad \text{Course du pis}}{\text{Diam. du piston.}}} \right)$$

IIe. *Question* (sur l'effort à faire pour élever l'eau.)

1° La hauteur de l'orifice de la pompe au-dessus du niveau de l'eau dans le puits, étant de 5 mètres, et le diamètre du piston étant de 13 centimètres, quelle sera la pression supportée par la tête du piston?

Type Général

$$1273 \qquad x = 66.4 \text{ kil.}$$
$$x \qquad 5$$
$$13$$

$$\left\{ \frac{1273}{\dfrac{\text{Pression.}}{\dfrac{\text{Haut. de l'orifice.}}{\text{Diamètre du piston.}}}} \right\}$$

2°. La pression supportée par le piston étant de 66.4$^{\text{kil.}}$ et les deux bras du balancier ayant, l'un 146$^{\text{centim.}}$ et l'autre 34$^{\text{centim.}}$ de longueur, quelle force faudra-t-il employer pour faire monter le piston (abstraction faite de toute espèce de frottement)?

Type général

$$66.4 \qquad x = 15.45 \text{kil.}$$
$$34 \qquad 146$$

$$\left(\frac{\text{Pression.} \quad \text{Force à employer.}}{\text{Petit bras} \quad \text{Grand bras}} \right)$$

3°. La pression supportée par le piston étant de 66.4 $^{\text{kil.}}$, quel doit être le rapport des deux bras du balancier , afin qu'il ne faille pas plus d'effort pour faire marcher la pompe que pour lever un poids de 5 kilogrammes ?

$$\frac{66.4 \quad 13.28 \quad 40 \quad 53}{5 \qquad 1 \qquad 3 \quad 4}$$

Type général.	
Pression.	Grand bras.
Force à employer.	Petit bras.

J'amène 5 kilogrammes sous 66.4 kilogrammes, et je trouve $\dfrac{13.28}{1} = \dfrac{40}{3} = \dfrac{53}{4} = \dfrac{\text{Grand bras.}}{\text{Petit bras.}}$

MACHINES A VAPEUR

En admettant comme dans les machines de watt, qu'un cylindre de 18 pouces de diamètre ait une force de 4 chevaux,

1° quelle sera la force d'un cylindre de 30 pouces ?

$$\frac{4 \qquad x = 36 \text{ chevaux.}}{10 \qquad 30}$$

Type général	
4	Nomb. de chevaux
10	diam. du cylindre

J'amène 4 sur 10 et au-dessus de 30 je trouve 36 chevaux pour la force d'un cylindre de 30 pouces.

2° Quel diamètre faudra-t-il donner au cylindre pour avoir une force de 16 chevaux ?

$$\frac{4 \qquad 16}{10 \qquad x = 20 \text{ pouces.}}$$

CHUTE DES CORPS GRAVES.

Questions sur le tems de la chute.

Le tems étant exprimé en secondes, et la hauteur en mètres, on résoudra ces questions au moyen de l'indicateur 49 que l'on trouvera sous le titre *rapports divers* et à côté de *livre*.

1° Une pierre emploie 6 secondes pour tomber au fond d'un puits, quelle est la profondeur du puits ?

$$\frac{49 \qquad x = 176.5 \text{metres}}{1 \qquad 6} \qquad \left(\frac{\text{Type} \quad \text{général}}{49 \qquad \text{Hauteur.}}{1 \qquad \text{Secondes.}} \right)$$

J'amène 49 sur 1 ou 10, et au-dessus de 6 secondes, je trouve 176.5 met. pour la profondeur du puits.

2° Si la plus grande hauteur à laquelle une bombe s'est élevée dans son trajet a été de 123 mètres, combien de tems a-t-elle employé pour parvenir à cette hauteur ?

Nota. Qu'un projectile, de quelle manière qu'on le lance, emploie, soit pour s'élever à sa plus grande hauteur, soit pour en descendre, le même temps qu'il employerait pour tomber de cette hauteur.

$$\frac{49 \qquad \qquad 123}{1 \qquad \qquad x = 5 \text{ secondes.}}$$

Dans une plaine horizontale, la bombe aura employé pour descendre, le même tems que pour monter, et la durée du trajet aura été par conséquent de deux fois 5 secondes, ou 10 secondes.

Questions sur la vitesse acquise.

Le mètre étant toûjours pris pour unité de longueur et la seconde pour unité de tems, on résoudra ces questions au moyen de l'indicateur 196 que l'on obtiendra en multipliant 49 par 4.

1° Une tour ayant 62.5 met. d'élévation, quelle est la vitesse d'une pierre tombée du sommet, à l'instant où elle arrive au pied de la tour?

$$\frac{196}{\begin{array}{cc}1 & 62.5\end{array}}$$
$$x = 35 \text{ mèt.}$$

$$\left(\begin{array}{c} \text{Type général.} \\ \dfrac{196}{\begin{array}{cc} 1 & \text{Hauteur.} \end{array}} \\ \text{Vitesse.} \end{array} \right)$$

Réponse. La vitesse est de 35 mètres par seconde.

2°. Quelle hauteur la tour devrait-elle avoir pour que la vitesse de la pierre fût de 21 mètres par seconde?

$$\frac{196}{\begin{array}{cc}1 & \qquad x = 22.5 \text{ mètres.}\end{array}}$$
$$21$$

L'eau qui s'échappe par une ouverture pratiquée

au-dessous de son niveau, sort avec la même vi-tesse quelle aurait si elle tombait de la hauteur du niveau au-dessus de l'orifice. Ainsi la question sui-vante rentre dans la première.

Le niveau de l'eau étant de 3 ^{mètres} au-dessus du pied d'une vanne, avec quelle vitesse l'eau s'échap-pera-t-elle par le pied de la vanne ?

$$\frac{196}{\begin{array}{ccc} 1 & 3 & \\ & x & x = 7.67 \;^{\text{mètres}}. \end{array}}$$

Réponse. Avec une vitesse de 7.67 ^{mètres} par seconde.

PUISSANCES.

On appelle puissance 4e d'un nombre, le pro-duit que l'on obtient en multipliant ce nombre 3 fois de suite par lui-même; puissance 5e, le produit de ce nombre 4 fois par lui-même, etc.

Ainsi, 2, 4, 8, 16, 32, 64, etc., sont les puis-sances 1e, 2e, 3e, 4e, 5e, 6e, etc. de 2

Pour former la puissance 9e d'un nombre quel-conque, de 1.06 par exemple, la coulisse étant droite, j'amène le premier 1 de la coulisse au des-sus de 1.06 sur la ligne des carrés.

$$\frac{1 \qquad\qquad\qquad\mid\; 25.3}{1.06}$$

Puis je regarde sur le revers de la coulisse à quelle
division de la ligne *n* répond l'extrémité de la règle,
je vois qu'elle marque 25 (1) parties plus à peu près $\frac{3}{10}$
d'une, c'est-à-dire, en tout 25.3 parties. Je multiplie cela par 9, ce qui me donne pour produit
227.7 parties ; enfin, je fais en sorte que l'extrémité de la régle marque 227.7 (2) parties sur la
ligne *n* ; l'opération est finie.

$$\frac{1}{1.69}$$

Et le nombre 1.69 que je vois au-dessous du premier
1 de la coulisse, est la 9ᵉ puissance de 1.06, c'est-à-
dire le produit que l'on obtiendrait en multipliant
106 8 fois de suite par lui-même.

Pour former la puissance 7ᵉ ou 8ᵉ du même nombre 1.06, l'opération serait la même, excepté que
vous multiplieriez 25.3 par 7 ou par 8, au lieu de le
multiplier par 9.

----

(1) Il ne marque réellement que 12 parties plus à-peu-près
les $\frac{2}{3}$ d'une, mais il faut se rappeler que chaque partie
compte pour deux.

(2) Si au lieu de 227.7 parties, j'en trouvais plus de 1000,
j'en oterais 1000 1 fois, 2 fois, 3 fois, etc., jusqu'à ce que le reste
fut moindre que 1000, et je ferais avec ce reste comme avec
227.7, excepté qu'à la fin je multiplierais le résultat trouvé
par 10 ou par 100 ou par 1000, etc., c'est-à-dire autant de fois
par 10 que j'aurais retranché de fois 1000

Intérêt composé.

Ire. *Question.* On demande ce que sera devenu au bout de 9 années, un capital placé à 6 p^r 100 par an *en intérêt composé*, c'est-à-dire, en ayant égard aux intérêts des intérêts.

J'ajoute 6 à 100 $=$ 106, je cherche la 9e puissance de 1.06 (1), c'est 1.69 ; ainsi, le capital primitif sera devenu 1.69 de ce qu'il était : si ce capital était égal a 4000 fr., au bout de 9 années il se trouvera valoir 1.69 fois 4000 fr. ou 6760 fr.

IIe. *Question.* Un capital de 60000 fr. étant placé à 6 p^r 100 par an en intérêt composé, au bout de combien d'années de placement ce capital se trouvera-t-il valoir 90000 fr.

J'ajoute 6 à 100 $=$ 106, je divise ensuite 90000 par 60000, et j'ai pour quotient 1.5 ; cela posé, je prends 1.06 et 1.5 sur la ligne des carrés, puis j'amène le premier 1 de la coulisse successivement sur ces deux nombres ; d'abord sur 1.06, je vois que l'extrémité de la règle marque 25.3 parties sur la ligne n, ensuite sur 1.5, je vois qu'elle marque 176 parties sur la même ligne ; je divise 176 par 25.3, et je trouve 6.96 ou à-peu-près 7 pour quotient ; c'est le nombre d'années demandé.

---

(1) Observez qu'au lieu de 106 que j'ai trouvé pour somme, je prends 1.06 qui en est la centième partie ; il en sera de même dans les questions suivantes.

Annuités et rentes viagères.

Ire *Question.* Quel est le prix d'une rente de 3oo fr. par an , payable pendant 8 ans seulement , en supposant que le taux de l'intérêt soit de 6 $\frac{1}{2}$ p^r 100 par an et que l'on ne commence à toucher les premiers 3oo fr. que dans un an ?

J'ajoute 6 $\frac{1}{2}$ ou 6.5 à 100 $=$ 106.5, je cherche ensuite la 8e puissance de 1.o65 , c'est 1.655 , et j'en ôte 1 , reste o.655 ; cela posé , je prends les deux fractions suivantes ,

$$\frac{0.655}{1.655} = \frac{\text{la puissance diminuée de 1.}}{\text{la puissance.}}$$

$$\frac{300}{6.5} = \frac{\text{la rente.}}{\text{le taux de l'intérêt.}}$$

Je les multiplie l'une par l'autre, et le nombre 1827 (1) que je trouve pour produit , est le prix de la rente.

IIe *Question.* Un particulier doit une somme de 6000 fr. dont il paie les intérêts à raison de 8 p^r 100 par an ; il veut s'acquitter par quatre paiemens égaux faits le 1er dans un an, et les autres ensuite d'année en année ; quel sera le montant de chaque paiement ?

---

(1) Je dis 1827, quoique le produit véritable soit égal à 18.27 ; cela ne peut pas induire en erreur ; car on sait toujours à 10 fois près , quel est le prix d'une rente que l'on veut acheter ou vendre.

J'ajoute 8 à 100 = 108 ; je cherche la 4ᵉ puissance de 1.08, c'est 1.36 ; cela posé, je multiplie
la fraction

$$\frac{1.36}{0.36} = \frac{\text{la puissance.}}{\text{la puissance diminuée de 1.}}$$

Par 6.000 = la dette. ,

Et le produit ensuite ,

Par 8 = le taux de l'intérêt ,

Le nombre 1815 fr. ainsi obtenu, est le montant
de chaque paiement.

IIIᵉ. *Question.* Un particulier doit une somme
de 9000 fr. dont il paie les intérêts à raison de 5
pʳ 100 par an: dans la vue de se libérer, il donne
800 fr. par an; au bout de combien d'années sera-
t-il libéré?

J'ajoute 5 à 100 = 105 ;

Je cherche ensuite l'intérêt de 9000 fr. à 5 pʳ 100,
c'est 450 fr. ; je le retranche de 800, reste 550 : c'est
l'acquit de la 1ʳᵉ année, c'est-à-dire la somme
dont il est libéré à la fin de cette année ; puis je
cherche la valeur de la fraction ,

$$\frac{800}{550} = \frac{\text{le paiement annuel.}}{\text{l'acquit de la première année.}}$$

C'est 2.29 ; cela posé, je prends 2.29 et 1.05 sur
la ligne des carrés, puis j'amène le premier 1 de
la coulisse successivement sur ces deux nombres :
d'abord sur 105, je vois que le biseau marque

21 parties sur la ligne *n* ; ensuite sur 2.29, je vois que le biseau marque 559 parties sur la ligne *n* ; enfin , je divise 559 par 21 , et je trouve pour quotient 17, c'est le nombre d'années demandé.

IVe. *Question*. Quel est le prix d'une rente viagère de 1200 fr. placée sur la tête d'une personne qui, suivant les probabilités, a encore 20 ans à vivre ?

On suppose que le taux de l'intérêt soit de 7 pour 100.

Ce prix est le même que celui d'une rente de 1200 fr. payable pendant 20 ans ; ainsi, je résouds cette question comme la 1re ; j'ajoute 7 à 100 $=$ 107 ; je cherche la 20e puissance de 1.07, c'est 3.87 (1) ; j'en ôte 1, reste 2.87 ; enfin je multiplie la fraction $\frac{2.87}{3.87}$ par $\frac{1200}{7}$, et je trouve pour produit , 12700 fr., qui est le prix de la rente.

---

(1) La puissance 20e d'un nombre est très difficile à obtenir exactement sur la règle de 26 centimètres ; mais il faut observer que l'erreur commise est en partie corrigée dans le résultat. Je suppose, par exemple, que vous ayez trouvé 3.90 au lieu de 3.87, vous aurez la fraction $\frac{2.90}{3.90}$ au lieu de $\frac{2.87}{3.87}$; le numérateur et le dénominateur étant augmentés en même tems, les deux erreurs se compenseront en partie, et, par un hasard heureux, la compensation sera d'autant plus grande que la puissance sera plus considérable.

EXTRACTION DE RACINES.

Soit proposé d'extraire la racine 7me. de 1.855.

1	1
1.855	1.092

J'amène le premier 1 de la coulisse sur 1.855, ensuite je regarde sur le revers de la coulisse, je vois que l'extrémité de la règle marque 268.5 parties sur la ligne n; je divise 268.5 (*) par 7, cela me donne 38.4 parties, j'amène la coulisse manière que l'extrémité de la règle marque 38.4 parties sur la ligne n, alors tout est fini et le premier 1 de la coulisse correspond à 1.092 qui est la racine demandée.

Voici un exemple de l'utilité de cette racine.

A quel taux faut-il placer un capital de 11,000 fr. pour

(*) Si le nombre 1.855 avait 2, 3... ou 7 chiffres entiers, il faudrait ajouter 1000, 2000.... ou 7000 parties à 268.5 qui ferait 1268.5 ou 2268.5.... ou 6268.5 parties qu'il faudrait diviser par 7, au lieu de 268.4. De là résultent 7 racines différentes pour un nombre dans lequel la position de la virgule n'est pas déterminée, et si je conçois à ligne des carrés partagée en 7 parties égales, je remarque que chaque partie contient une des racines 7mes du nombre donné; mais que la véritable est dans la 1re, dans la 2e... ou dans la 7e partie, selon que le nombre donné contient 1 2... ou 7, chiffres entiers. S'il n'en contenait pas ou s'il en contenait plus de 7, il faudrait le partager en tranches de 7 chiffres à partir de la virgule, et le nombre des chiffres de la 1re tranche de gauche ferait connaître dans laquelle de ces 7 parties serait la racine cherchée

qu'au bout de 7 ans, ce capital avec ses intérêts forme une somme de 15,000 fr. ?

La question se ramène à extraire la racine 7e de la fraction $\frac{15000}{11000}$ ou ce qui revient au même de 1.364 qui est l'expression décimale de cette fraction. En opérant comme précédemment, je trouve que cette racine est égale à 1.045 ; j'en ôte 1, reste 0.045 pour le taux de l'intérêt, c'est-à-dire que l'intérêt doit être pris à raison de 4.5 ou $4\frac{1}{2}$ pour cent.

Racine cubique.

La racine cubique, ou racine 3e, peut s'extraire par le même procédé que la racine 7e ; mais il en existe un plus simple.

Nombre.

1	Racine.
	Racine.

Exemp. $\mathrm{I^{er}}$. Quelle est la racine cubique de 216 ?

216

1	x
	x

$x = 6$

Après avoir mis la coulisse à rebours, j'amène 1 sous 216, je cherche ensuite le nombre qui se correspond à lui-même sur la coulisse et sur la ligne des carrés ; je trouve 6, c'est la racine cubique demandée.

Il n'est pas plus difficile d'extraire la racine cubique d'un produit.

Exemp. $\mathrm{II^e}$. Quel est le diamètre d'un boulet en fonte grise pesant 4 kilogrammes ?

L'indicateur est 249.

$$249$$

4	x	
	x	$x = 99.9^{\text{milli}}.$

On peut trouver ainsi 3 racines cubiques, une dans chaque tiers de la ligne des carrés; mais on voit toujours bien laquelle il faut prendre lorsque l'on connait à 2 fois près la valeur de cette racine.

Complément de l'explication de la règle pour les personnes qui connaissent les logarithmes.

La longueur d'un nombre sur la règle, c'est son logarithme. Ainsi la longueur (1....2) représente le logarithme de 2 , la la longueur (1....3), celui de 3 etc. la somme des longueurs (1....2) (1....3)

$$1\ldots\ldots.2\ldots\ldots.6$$
$$1\ldots\ldots.3$$

C'est (1....6) le logarithme du produit de 3 par 2.

De même la différence des longueurs (1....6), (1....3), c'est (1.... 2) le logarithme du quotient de la division de 6 par 3.

La longueur d'un nombre sur la ligne inférieure de la règle, c'est le double de son logarithme ou le logarithme de son carré.

Toutes les propriétés de la règle lorsque la coulisse est droite et lorsqu'elle est placée à rebours, sont renfermées dans ces trois égalités entre les nombres qui se correspondent

Coulisse droite.	Coulisse à rebours.
1 ....a.........b	1 ....a...........b
1 ....c.........d	d ....c.....1
1 ....A.......B	1 ....A....s.....B

$$ad\,(1) = bc$$
$$A^2\, d = B^2\, c$$
$$A^2\, d = bc$$

C'est en variant la forme de chacunes de ces égalités, en en extrayant la racine carrée et regardant comme inconnue une ou deux quantités qui y entrent, qu'on en déduit toutes les propriétés trouvées pour la règle et qu'on peut même suppléer à ce qui manque dans cette instruction.

Revers de la coulisse.

Vous y voyez 3 lignes intitulées s, t, n.

La ligne n donne les logarithmes des nombres représentés sur la ligne des carrés. Par exemple, si j'amène le premier 1 de la coulisse sur 2,

<hr>

1

<hr>

2

Je vois que le l'extrémité de la règle marque 3o1 parties sur la ligne n, ainsi 3o1 est le logarithme de 2.

(Les lignes s et t sont divisées inégalement. Les traits principaux sont marqués par les nombres 1, 2, 3, ... 9, 1o, 20, etc. ; la distance du trait n° 20 à l'origine de la ligne, représente le logarithme négatif du sinus ou de la tangente de 2o° (ancienne division), selon qu'il est pris sur la ligne s où sur la ligne t ; pareillement, la distance du trait n° 3o à l'origine représente le logarithme négatif du sinus ou de la tangente de 3o°, etc. Il en est de même pour les

<hr>

(1) Pour vous rendre raison de la première égalité $ad = bc$, vous n'avez qu'à observer que la somme des longueurs $(1...a)$, $(1..\,d)$ est égale à celle des longueurs $(1...b)$, $(1...c)$, et à vous rappeler que ces longueurs sont les logarithmes des nombres auxquels elles correspondent.

traits intermédiaires qui correspondent à des nombres de degrés et minutes intermédiaires.

Observez que la ligne t va depuis 40′ jusqu'à 45° seulement, et que la ligne s va depuis 40′ jusqu'à 90°. Les traits correspondans à 90° et à 80° ne sont pas numérotés faute de place pour mettre les chiffres; mais ils sont faciles à distinguer, étant les deux derniers.

Voyons quel usage on peut faire de la ligne des sinus.

La coulisse étant droite, si j'amène 30 de la ligne s contre la règle, et que je regarde sur les lignes de nombres,

1	2	1
1	5	

Au-dessous de 1 je vois 0.5; c'est le sinus de 30°, et au-dessus de 1, je vois 2 qui est la valeur de $\dfrac{1}{\sin.\ 30°}$

La coulisse étant à rebours, si j'amène encore 30° contre la règle,

1	5
5	1

au-dessus et au-dessous de 1, je vois 0.5 pour le sinus de 30° (1).

Ces deux manières d'obtenir le même sinus ont chacune leur avantage suivant l'usage qu'on veut en faire.

Si je veux multiplier sinus 30° par 7,

1	7
5	35

____

(1) Cela n'a lieu qu'autant que 1 et 10 sur la règle sont bien à égales distances des extrémités.

je place la coulisse droite , ensuite j'amène 30° contre la
règle, et au lieu de prendre le nombre 5 sous 1, je prends le
nombre qui est au-dessous de 7 , c'est 3.5 le produit demandé.

Si je veux diviser sinus 30° par 8 ,

1	8	x	$x = 0.0625.$
5	x	8	

je place la coulisse à rebours , ensuite j'amène 30° contre
la règle et vis-à-vis de 8 , je vois 0.0625 pour le quotient
demandé.

Multiplication de deux sinus.

Exemple. Quelle est le produit de sinus 20° par sinus 30°.

Que la coulisse soit droite ou qu'elle soit placée à rebours,
amenez 30° ou 20°, 30° par exemple contre la règle,
amenez ensuite votre curseur contre le 1 de la coulisse ;
alors ôtez la coulisse pour la remettre en sens inverse de
celui où elle était, amenez 20° contre la règle , et le
nombre 0.171 marqué par le curseur sur la coulisse sera le
produit demandé.

Division de deux sinus.

Exemple. Quel est la valeur de $\dfrac{\sin 30°}{\sin. 20°}$

Que la coulisse soit droite ou qu'elle soit à rebours , amenez 20° contre la règle , puis amenez le curseur sur le 1 de
la coulisse, ensuite amenez 30° contre la règle et le nombre
1.462 indiqué par le curseur sur la coulisse est le quotient
demandé.

Multiplication d'un nombre entier par le quotient de deux sinus.

Quel est la valeur de 4 sinus 30°
───────────
sinus 20°.

Amenez 20° contre la règle, et ensuite le curseur sur 4 de la coulisse, alors amenez 30° contre la règle, et le nombre 5.85 que marque le curseur sur la coulisse, est la valeur demandée.

Cette opération donne la solution d'un triangle dont on connaît deux angles et un côté, solution extrêmement utile, particulièrement aux ingénieurs, pour lever la carte d'un terrain. Je pourrais citer beaucoup d'autres exemples d'utilité de la ligne des sinus, de celle des tangentes et de la règle en général, pour les navigateurs, les géographes, les arpenteurs, etc. Mais de crainte d'augmenter le volume sans utilité pour beaucoup de personnes, je me bornerai à faire observer que toutes les questions (1) susceptibles d'être résolues par les logarithmes, le sont également au moyen de la règle, qui n'est autre chose qu'une table de logarithmes représentés par des lignes ; me réservant, si la règle et son instruction sont goûtées du public, de rendre la seconde édition plus complète en isolant au besoin la première partie de la seconde.

────────────

(1) Ce sont toutes les questions qui peuvent se résoudre par des multiplications, divisions, formations de puissances et extractions de racines. Cette classe de questions est extrêmement étendue : elle comprend toutes les questions de trigonométrie, celles sur les différences de niveau d'un canal, qui sont proportionnelles aux carrés des distances; celles sur le pendule, sur les nombres pyramidaux, la mesure des hauteurs par le baromètre, etc., etc.

FIN.

TABLE DE NOMBRES INDICATEURS

Servant à évaluer le volume, la capacité et le poids d'un corps.

	CORPS RECTANGULAIRES.							CYLINDRES.			SPHÈRES.		
	ddd.	*ttt.*	*tPP.*	*PPP.*	*PPp.*	*Ppp.*	*ppp.*	*dd.*	*Pp.*	*pp.*	*d.*	*P.*	*p.*
Litre ou décimètre cube. Eau.	1	.000135	.00486	.0292	.35	4.2	50.4	1.273	5.35	64.2	1.91	.0557	96.3
Toise cube.	7400	1	36	216	2590	31100	373000	9430	39600	475000	14140	412.5	.713000
Pied cube.	34.3	.00463	.1667	1	12	144	1728	43.6	183.3	2200	65.5	1.91	3300
Pouce cube.	.01984	.00000268	.0000965	.000579	.00695	.0833	1	.02525	.1061	1.273	.0379	.001105	1.91
Muid de vin de Paris.	268	.0362	1.304	7.83	93.9	1127	13520	342	1435	17220	512	14.95	25800
Velte.	7.45	.001006	.0362	.217	2.61	31.3	376	9.49	39.9	478	14.23	.415	717
Pinte.	.931	.0001258	.00453	.0272	.326	3.91	46.9	1.186	4.98	59.8	1.779	.0519	89.7
Platine.	.0483			.001408	.0169	.203	2.43	.0614	.258	3.1	.0922	.00269	4.65
Or et terre à pots.	.0519			.001515	.01818	.218	2.62	.0661	.278	3.33	.0992	.00289	5
Mercure.	.0736			.00215	.0258	.309	3.71	.0937	.394	4.72	.1406	.0041	7.09
Plomb.	.0881			.00257	.0308	.37	4.44	.1122	.471	5.65	.1682	.00491	8.48
Argent.	.0927			.00271	.0325	.39	4.67	.118	.496	5.95	.177	.00517	8.93
Cuivre.	.1124			.00328	.0394	.472	5.67	.143	.601	7.22	.215	.00626	10.82
Laiton.	.119			.00348	.0417	.5	6.01	.1517	.637	7.65	.227	.00664	11.47
Fer.	.1282			.00374	.0449	.539	6.46	.1632	.686	8.23	.245	.00714	12.34
Acier.	.1287			.00375	.0451	.541	6.49	.164	.689	8.26	.246	.00717	12.4
Fonte grise.	.1304			.0038	.0456	.548	6.57	.166	.697	8.37	.249	.00726	12.55

	CORPS RECTANGULAIRES.							CYLINDRES.			SPHÈRES.		
	ddd.	*ttt.*	*tPP.*	*PPP.*	*PPp.*	*Ppp.*	*ppp.*	*dd.*	*Pp.*	*pp.*	*d.*	*P.*	*p.*
Fonte blanche	.1316			.00384	.0461	.553	6.63	.1675	.704	8.45	.251	.00733	12.67
Etain.	.1377			.00402	.0482	.578	6.94	.1753	.736	8.84	.263	.00767	13.3
Zinc.	.1457			.00425	.051	.612	7.35	.1855	.78	9.35	.278	.00812	14.03
Flint.	.303			.00884	.106	1.273	15.28	.386	1.62	19.5	.579	.01688	29.2
Marbre.	.368			.01074	.129	1.547	18.56	.469	1.97	23.6	.703	.0205	35.4
Verre et pierre meulière.	.4			.01167	.14	1.68	20.2	.509	2.14	25.7	.764	.0223	38.5
Craie et grès.	.435			.01268	.152	1.827	21.9	.554	2.33	27.9	.83	.0242	41.9
Brique et soufre.	.503			.01466	.176	2.11	25.3	.64	2.69	32.3	.96	.028	48.4
Chêne sec.	.599			.01747	.21	2.52	30.2	.762	3.2	38.4	1.144	.0334	57.7
Charbon de terre et buis de Hollande.	.754			.022	.264	3.17	38	.959	4.03	48.4	1.439	.042	72.6
Acajou.	.962			.0281	.337	4.04	48.5	1.224	5.14	61.7	1.836	.0536	92.6
Chêne frais.	1.075			.0314	.376	4.52	54.2	1.37	5.75	69	2.05	.0599	103.5
Huile d'olive et buis de France.	1.095			.032	.383	4.6	55.2	1.395	5.86	70.3	2.09	.061	105.5
Hètre.	1.176			.0343	.412	4.94	59.3	1.498	6.29	75.6	2.25	.0656	113.3
Alcool et essence de thérébentine.	1.263			.0369	.442	5.31	63.7	1.61	6.76	81.1	2.41	.0764	121.6
Sapin.	1.818			.053	.637	7.64	91.7	2.31	9.73	116.7	3.47	.1013	175
Liège.	4.17			.1216	1.46	17.5	210	5.31	22.3	267	7.96	.232	401
Air à la température o.	.77			.0225	.27	3.23	38.8	.980	4.12	49.4	1.47	.0429	74.1
Gaze hydrogène à la température o.	10.5	Ces deux gazes sont rapportés au gram.		.307	3.68	44.2	530	13.39	56.2	675	20.1	.586	1012

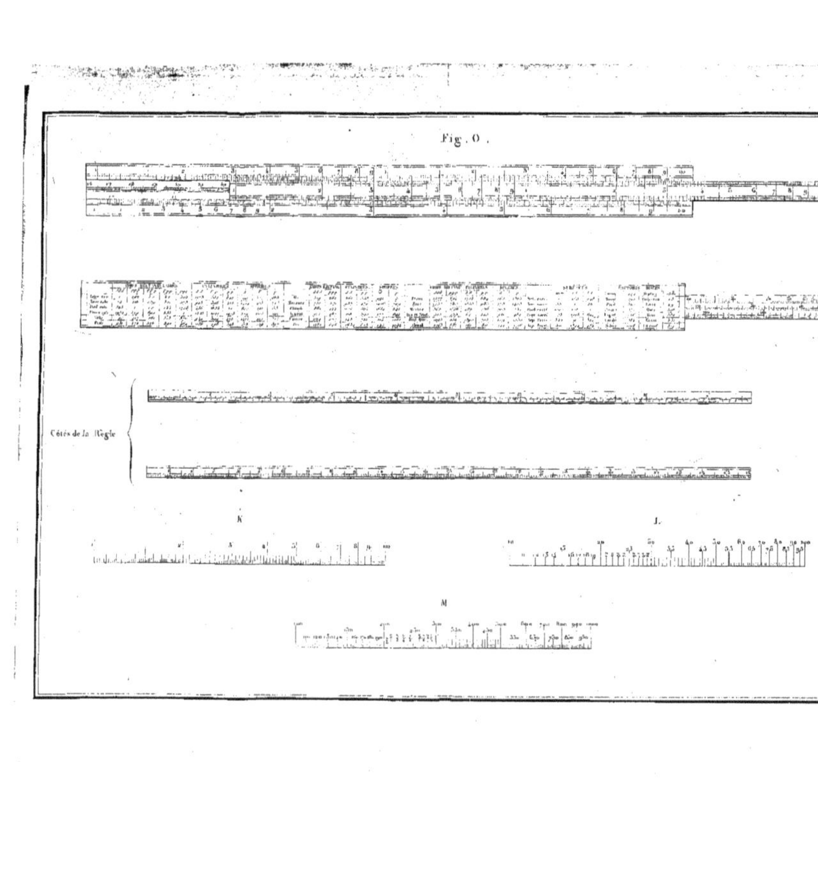

Fig . 0 .
Côtés de la Règle
K
L
M